春川正明

JN177589

「ミヤネ屋」の秘密

大阪発の報道番組が全国人気になった理由

講談社+α新書

はじめに

「この状況を映してもいいかなあ？」

私のすぐ隣でしゃがみ込み、予想もしていなかったドナルド・トランプ氏の勝利に向けての原稿を大急ぎで必死に書き始めている近野宏明・日本テレビ・ワシントン支局長（当時。現在はBS日テレ『深層NEWS』キャスター）に尋ねました。二〇一六年一一月九日。アメリカ大統領選挙の投票日からすでに日付が変わって、現地時間で午前零時を過ぎていました。ヒラリー・クリントン氏の勝利宣言が行われるはずだったニューヨークの会場からの『情報ライブ　ミヤネ屋（以下、ミヤネ屋）』に向けての生中継。普通は事前に行われる、中継前の司会者との想定問答の打ち合わせもまったくなく、すべてがぶっつけ本番のミヤネ屋らしい生中継でした。

当初の予定では、この日の私の中継は二回あり、一回目は私一人で開票状況や会場の様子を伝え、二回目の中継では今回の大統領選挙を二年以上取材してきた近野ワシントン支局長と私の二人が並んで、選挙戦を総括するというものでした。しかし、トランプ氏が事前の大方の予想を覆《くつがえ》して得票を伸ばし、ミヤネ屋が始まる頃にはまさかの勝利が近づいているという非常事態でした。

そこで、私の判断で一回目の中継から近野支局長に私と並んで出演してもらい、緊張感漂う開票状況を伝えました。二回目の中継でも二人で開票速報を伝え、その後は、いつもう一度中継が来るかまったくわからない状況で、耳に入れたエアモニ（スタジオでの放送状況を伝える音声）を聞きながら、突然、大阪のスタジオから中継を振られても大丈夫なように三〇分以上ずっと待機していました。

そうこうするうちにトランプ氏の得票が順調に伸びて、いよいよトランプ氏が勝利するのではという緊迫した状況となり、冒頭のように近野支局長が急遽《きゅうきょ》、次の番組に向けて原稿を書き直すという事態になっていたので、三回目の中継では私のとっさの判断で支局長と二人並んでの中継リポートをあきらめ、私のすぐ隣でしゃがんで原稿を書く支局長をカメラマンに頼んで映してもらい、こうリポートしました。

「いまここがどういう空気かということを最も示す映像を、ここまで見せていいのかなと思いながらも、本人の了解も得たので映しますが、支局長はじつは非常に追い込まれていて、次の番組の原稿を書くためにミヤネ屋の中継を離脱しているんです」と生中継でリポートしました。

　こういうやり方は、普通のニュース番組ではあり得ないと思います。いわばミヤネ屋ならではの、舞台裏をさらけ出す何でもありの手法を使って、「いままさに何が起きているのか」を伝える生中継の力を最大限に生かそうと思ったのです。自分でやっていて、これこそ「ミヤネ屋らしいな」と思いました。もちろん、このような異例の中継ができたのは、近野支局長と長年にわたって築き上げてきた個人的な信頼関係があったからこそだと思います。

　二〇一六年のアメリカ大統領選挙では、世の中の大方の予想を裏切って、公職経験ゼロで暴言連発のトランプ氏がクリントン氏を破り次の大統領に決まるというまさかの大どんでん返しが起きました。二〇〇〇年、〇八年、一二年に続いて四度目の大統領選挙を現地で取材した私も、この予想外の結末を受けて取材日程を急遽延長し、当初予定していたミヤネ屋での二度の生中継も、場所を転々としながら結局四度となりました。

　NBCテレビの開票速報センターとなったニューヨークのロックフェラー・センター、クリントン集会の会場、トランプタワー前の抗議デモの現場、ワシントンに移動して連邦議会議事堂とホワイトハウスの中間にあるフリーダム・プラザと、それぞれ場所を変えて四度生中継を日本に送りましたが、その四度とも、大阪のスタジオにいる番組のメイン司会者である宮根誠司さんとの掛け合いについて、事前の打ち合わせがまったくない全編アドリブの

「綱渡り」中継でした。

私と宮根さんとの付き合いも一〇年になるので、こんな生中継でのやり取りもできたのかも知れませんが、テレビの世界、特に報道では、生中継をするにあたって、自分の持ち時間がどうなるかわからない、どんな質問が来るのかわからない、何回生中継があるのかわからない、なんていうことはあり得ないのです。

多くの人たちに支えられて日々「綱渡り」の放送を続けているミヤネ屋の挑戦の一端を、本書を通して読者の皆様にお伝えすることができればと思っています。

「もう一〇年もやっているのか、というのが正直な気持ち。よく毎日、番組が成立したなと（笑）。昼の二時から放送ということで、番組をやっている最中も世の中がどんどん動いていく。毎日が綱渡りのような一〇年だった」

宮根さんは、番組の放送開始から一〇周年を迎えての会見でこう感想を述べました。私も番組に長く関わってきて、この「綱渡り」という表現こそ、ミヤネ屋をよく表していると思います。

◉目　次

第2章　「ミヤネ屋」ができるまで

第3章　宮根さんって本当はどんな人？

第1章 「ミヤネ屋」のここが面白い

打ち合わせは三分間の顔合わせ

「おはようございます」。この挨拶から、「ミヤネ屋」の昼の打ち合わせは始まります。二四時間、三六五日、常に誰かが働いているテレビの世界では、朝に限らず何時であっても、その日初めて会った場合の挨拶は「おはようございます」なのです。だから、番組打ち合わせは毎日正午スタートなのですが、「おはよう」で始まります。

番組スタッフは前日から何度も番組内容を打ち合わせていますが、司会の宮根誠司さんと林マオさん(読売テレビ・アナウンサー)、そしてニュース解説を担当する私も出席してのMC(マスター・オブ・セレモニー。司会者のことをこう呼ぶ)打ち合わせは、これ一度切りです。ちなみに、MC打ち合わせのその他の出席者は、番組担当部長、プロデューサー、デスク、OA(オンエアー)ディレクターらです。

打ち合わせでは、その日の項目を決めるデスクが一二時段階での番組項目表を基に、その日の番組内容を放送順にざっと説明していきます。記者会見や生中継などの不確定な要素や注意すべき項目などがあれば説明しますが、その所要時間はたったの約三分間。これだけです。

このMC打ち合わせに、私は長い間出席していませんでした。打ち合わせが始まる時間がちょうどNHKの昼のニュースが始まる時間なので、その日の放送に向けて最新ニュースをチェックしたいため断っていたのです。しかし当時のCP（チーフ・プロデューサー）に出席するよう言われたので出ることにしたのです。にもかかわらず、顔合わせだけでたった三分間で終わるので拍子抜けしたのを覚えています。

番組を観ていただいている多くの視聴者の方々から「ミヤネ屋の放送前の打ち合わせは、どれくらいやっているのですか？」とよく聞かれますが、「三分だけ」と答えると皆さん驚かれます。「でも、司会者とコメンテーターがどんなやり取りをするのかは、事前に打ち合わせするのですよね？」とも聞かれますが、じつは司会者とコメンテーターとの事前の打ち合わせはありません。

もっと言うと、私を含めてコメンテーターが一堂に会しての打ち合わせもありません。私以外のコメンテーターの方には、プロデューサーが番組内容を個別に説明して回り、注意点があれば伝えるだけです。

私はこの番組に一〇年近くレギュラー・コメンテーターとして出演していますが、宮根さんと事前にじっくり打ち合わせをしたのは、安倍晋三首相が生出演した時の一度だけです。その時の詳しい話は後ほどご紹介します。

好調な視聴率

テレビ番組にとって視聴率がすべてではありませんが、多くの人に観ていただいているということは、制作者にとっても出演者にとってもとても重要です。テレビと視聴率については、第2章でも詳しく書きますが、ここではまず、ミヤネ屋の視聴率について見てみましょう。

番組開始当初はなかなか視聴率が上がらず苦労しましたが、番組放送開始から一〇年を経てもミヤネ屋の視聴率はお陰様で好調を維持しています。番組を制作している読売テレビのお膝元である関西地区の二〇一六年年間平均視聴率は七・九％（占拠率二五％、ビデオリサーチ調べ、二〇一六年一月四日～二〇一七年一月一日、以下同）、関東地区七・九％（二七％）、名古屋八・二％（二六％）、北部九州八・三％（二八％）、札幌一〇・〇％（三三％）などとなっています。地区によっては青森一二・九％（三四％）、秋田一一・八％（三八％）、長崎一一・六％（三六％）など平均視聴率が一〇％を超えている地区もあり、多くの視聴者の方々に観ていただいています。

関東地区での同時間帯の視聴率は、一六七週連続でトップを続けています（二〇一七年一月一日現在）。つまり、ありがたいことに関東地区での視聴率首位はもう三年以上も続いていることになるのです。これは民放テレビ局の中でトップの記録です。

また、ミヤネ屋が視聴者にいかに観ていただいているかを示すこんなデータもあります。視聴率の分析方法で、ある番組を一定の期間に観た人・世帯がどれぐらいの割合かという指標があります。ある期間中でのいわば「ミヤネ屋」体験率とでも言える数字です。これによると、二〇一六年の一年間で関東でも関西でも「ミヤネ屋」を一切観なかったという世帯は、世の中の四％未満しかないということになります。

「確定版」は放送開始直前に

さて、番組制作に話を戻しましょう。番組項目表というA4サイズの裏表一枚の用紙は、番組を制作する上で最も重要なものです。『情報ライブ　ミヤネ屋』という番組の制作スタッフは大阪と東京合わせて約一一〇名。それに技術、照明、美術のスタッフ、メイク、スタイリスト、番組出演者、広報、その他、数多くの番組関係者が、今日の番組はどんな内容で、どういう順番で放送されるのかという、重要な情報を、この項目表で共有するのです。

その番組項目表は、曜日ごとに担当が決まっているデスクがチーフ・プロデューサーらと相談しながら決めていくのですが、情報番組だけに、扱う情報が変更される度に何度も更新されていきます。大まかに言うと、その日の放送が終わり翌日の番組打ち合わせで配られる前日稿から始まり、番組放送当日の朝版、MC打ち合わせ時の昼版、そして番組内容が最終的に確定される確定版まで、必要に応じて何度も更新されていきます。

番組項目表には、ニュース、芸能、スポーツなど多岐にわたる項目内容と、そのコーナーの長さ（放送業界では項目やVTRの長さなどについて「尺」という用語を使っている）や、そのコーナーのみに出る出演者、担当スタッフ、「スタジオ」か「中継」か「VTR」か、という素材などが書かれていて、この項目表を見れば、番組に関係するすべての人が、今日の番組内容を知ることができて、制作上必要な情報を共有できる、とても大切なものなのです。

では、その最も重要な番組項目表の確定版がいつ私の元にやってくるのかと言えば、なんと生放送の本番直前なのです。私がスタジオに入るのは、だいたい放送開始三分前ですが、スタジオ入りしてコメンテーター席に座るとAP（アシスタント・プロデューサー）が確定版を配ってくれます。私がテレビ報道に関わった三二年間の経験から言うと、番組直前までなんとか最新のニュースを番組に入れようと努力するニュース番組でも、突発の事件・事故が起こっていない限り、だいたい放送開始時間の三〇分前、遅くとも一五分前には確定項目表が関係者に配られます。そうでなければ、生放送を進行する番組スタッフも出演者も落ち着いて番組に入っていけないからです。

ところが、ミヤネ屋では確定項目表がコメンテーターに配られるのは番組開始数分前。それどころか、なんと番組が始まってから確定項目表が配られることさえあるのです。このように少しでも新しい情報を番組に入れたいという思いを番組関係者全員で共有し、それを実践していることが、ミヤネ屋の強さのひとつだと思います。

とは言うものの、「世の中のことは何でも知っている（はずの）ニュースのおじさん」という役割を期待され、難しいニュースや突発の事件・事故が起きた場合にはいつも真っ先にコメントを求められる解説委員としては、少しでも早く確定項目表が手元に来れば助かる訳です。最近でこそプロデューサーらができるだけ事前に知らせてくれるようになりましたが、以前は放送開始直前にスタジオに入り確定項目表を見たところ、第一項目にまったく聞いていないし見たこともないニュースが入っていて唖然《あぜん》とするということもよくありました。もちろん、その際にまずコメントを求められるのは私です。何も聞いてないよ〜。

「残り三〇秒」が「残り一〇分」に

ミヤネ屋の特徴は、なんと言ってもその「柔軟性」にあると思います。前述したように、番組項目表の確定版が、番組が始まる直前に配られるだけにとどまらず、なんとその確定したはずの番組内容が、番組が始まってからもどんどん変更されていくのです。

その理由は、司会の宮根さんが番組がスタートしてからも自分の判断で、スタジオでのトークの時間を延ばしたり短くしたりするからです。項目は基本的にVTR＋スタジオトークという構成で進んでいきます。完成したVTRの尺は変更できませんが、スタジオでのトークは宮根さんの判断で長くも短くもできるのです。トークが盛り上がってもっと時間が必要だと宮根さんが思えば、コメンテーターへの質問はまだまだ続きます。

とは言っても、二時間という番組全体の長さは決まっていますし、放送しなければならないCM（コマーシャル）の本数も確定しています。スタジオの上にあるサブ（サブ・コントロール・ルーム。副調整室。番組制作の司令塔）では、番組全体を統括するCP（チーフ・プロデューサー）のもと、OA（オンエアー）ディレクターが番組進行を指揮し、TK（タイム・キーパー）が時間を管理していて、その項目の残り時間がなくなれば、サブの指示がスタジオにいるFM（フロマネ。フロア・マネージャー）を通して司会の宮根さんにも伝わるようになっています。

その際にFMは「そろそろまとめて次の項目へ」や「残り三〇秒」などと手書きしたカンペ（カンニング・ペーパー）を宮根さんに示しますが、カンペに従う宮根さんではありません。ここは面白い、もっとトークの時間が必要と判断すると、そのままトークを続けることは日常茶飯事です。

そうなると忙しくなるのはサブです。宮根さんの判断を受けて、番組全体の時間と他の項目の時間との兼ね合いを瞬時に計算して、このままこの項目のトークをあと何分間続けられるかを判断して、その決定をＦＭを通じてスタジオに打ち返します。その結果、「残り三〇秒」というカンペが、いきなり「残り一〇分」になることもあるのです。

ミヤネ屋ではひとつの項目が短い場合でも四～五分間、長い場合はそれこそ三〇分間、一時間、場合によっては番組全体の二時間ということもあるので、ひとつの項目のスタジオでのトークを延ばすことによって、他の項目が飛んでしまう（キャンセルされて放送されなくなる）ので、その飛んだ分を埋めるために、その項目の延長時間がいきなり長くなるという訳です。

それにしても、「残り三〇秒」が「残り一〇分」になったのを初めて経験した時は、スタジオにいて驚きました。内心では（まだここから一〇分間もこの話題でトークすんの？　持たへんやろ）と正直思いましたが、そこが宮根さんの腕の見せどころ。スタジオは大盛り上がりで、結果オーライとなることが多いのです。宮根さんとサブとの信頼関係が成り立っていなければ、とてもそんな大胆な時間変更や項目飛ばしはできないと思います。

項目がどんどん飛んでいく

宮根さんの判断で項目の長さが突然変わり、前日からスタッフが徹夜で必死に編集したVTRを含めて項目自体が飛んでしまって放送されないという事態もしばしば起きる一方で、番組の責任者であるCPをはじめサブの判断で項目が延長されることもあります。

ミヤネ屋の放送が始まるのは午後一時五五分。この辺りの午後の時間は、世の中が動く時間帯でもあります。午後の会議や裁判が行われたり、さまざまな記者会見が始まったりする時間帯でもあるのです。最近では、芸能を中心に、ミヤネ屋の放送時間を意識して記者会見の開始時間を設定しているのではと思うことさえあるほどです。

この記者会見の生中継には注意が必要です。生中継なので、どんな発言が飛び出すかわかりません。過激な言い方や問題発言が出てしまえば、放送する側の責任が問われる可能性も否定できません。ただその一方で、注目の記者会見の内容を生中継で一刻も早く伝えるというのも生番組の使命です。

二〇一六年八月五日放送のミヤネ屋では、午後二時から始まる二つの記者会見を生中継で伝える予定でした。アイドルグループのメンバーの離婚会見と、東京都の小池百合子新知事の定例記者会見です。確定版の番組項目表では、まず離婚記者会見を生中継で二〇分間伝えた後で、五分間のスタジオでのトークを行い、その後で、小池知事の会見中継とそれを受けてのスタジオ展開を二〇分間ほど予定していました。

しかし、いつものように番組が始まってから予定が大きく変わったのです。この日は私もスタジオにいましたが、離婚記者会見の内容がたいへん興味深かったので記者会見の内容を丸々最後まで放送した上、アイドルグループのメンバーが、取材した報道陣をお見送りするところまでも生中継し、結局一五時前までの番組第一部はすべてこのネタで埋まりました。その結果、予定されていた小池新知事の記者会見のニュースはまったく放送されませんでした。

またこんなこともありました。二〇一五年一〇月八日放送のミヤネ屋では、番組冒頭からこの年最大の台風二三号が北海道に接近というニュースを二〇分以上かけて放送する予定でした。

番組項目表の確定版には、この台風のニュースの頭でこれまでの台風の様子や被害の状況を伝えるVTRを九分間ほど放送した後で、スタジオで気象予報士が解説して、それを受けて、現地の北海道の根室港、根室市内、網走市内の三ヵ所から生中継でリポートを伝えるという構成でした。

ところが宮根さんは、スタジオに入って生放送が始まってから、突然「先に中継に行ったほうがいい」と内容の順番変更を言い出し、その通りに変更になったのです。

番組進行を指揮するサブや出先の中継現場が、放送が始まってからの、しかも突然の項目の順番変更を受けて対応するのにどれだけたいへんだったかは、私も番組CPや中継リポーターの経験があるだけに容易に想像できます。それでなくても、三ヵ所のリレー中継では、ヒットタイム（実際に中継が始まる時間）や内容などについての現場との中継連絡が混乱しがちです。サブも技術スタッフもリポーターもよくこの事態に対応したと思います。番組スタッフは、生放送での番組内容の突然の変更にはもはや慣れっこになっているとはいえ、すぐさま対応できるその能力と意識の高さには頭が下がります。

この場合も、後になって冷静に考えてみると、宮根さんのとっさの判断は正しかったと思います。いままさに強烈な台風が北海道を襲っているその時に、VTRでまずこれまでの状況を振り返っている場合ではないだろう。それよりも先に、生番組としてはいまの北海道がどうなっているかを伝えるべきだということを的確に判断しすぐに行動に移したのです。その宮根さんの判断と行動も、番組スタッフがちゃんと対応できるという信頼があってこそでしょう。

いままではどんな突然の変化にも対応できるスタッフですが、テレビ界のこれまでの常識を打ち破り、生放送中でもどんどん予定項目を延ばしたり、縮めたり、時にはすべて飛ばしたりを平気でする、宮根さんという生放送を知り尽くした類《たぐい》まれな天才司会者に鍛えられて、スタッフ自身も育ってきたのだと思います。

台本は精神安定剤

生放送中に宮根さんがコメンテーターにどんな質問をするのかについて、事前の打ち合わせがほとんどないという事実に驚く人たちは、「でも、質問内容が書かれた台本はあるのですよね？」と必ず聞きます。番組台本は確かにあるのですが、ほんの数ページだけです。そこには出演者名、スタッフ名、簡単な番組項目表が書かれているだけで、放送中の具体的なやり取りについては書かれていません。

番組開始の一時間半ほど前には、各コーナーで流れるＶＴＲのナレーション原稿や、スタジオでの宮根さんとコメンテーターとの想定問答などが書かれたコーナー台本が私の手元にもやってきます。「ほら、やっぱり想定問答が書かれた台本があるじゃないですか」と思ったあなたは甘い。私も番組に出始めた頃には、このコーナー台本に書かれた宮根さんとの想定問答を細かくチェックして、（そうか、今日は私にこんな質問をするのか）と思い、その点について事前に詳しく調べて準備をしたものですが、実際には宮根さんがこの台本通りに質問することは、ほぼありません。

もっと言うと、私が番組に出始めた頃は、時々はこのコーナー台本通りの質問もされたのですが、宮根さんが経験を積みニュースに詳しくなる（このことがまた私を悩ませるのですが、詳しくは後述します）につれて、台本通りの質問はほとんど来なくなったのです。

では何のためにコーナー台本はあるのでしょうか？　ひとつは、ＶＴＲの原稿が事前に配られなければ、ナレーターが生本番で読むナレーションの下読みができないからです。ミヤネ屋だけでなく多くの情報番組では、ＶＴＲのナレーションは事前に録音されているのではなく、じつは生で読まれているのです。ナレーションがたまに詰まったりするのは、ぶっつけ本番で読んでいるからです。

もうひとつは、サブやスタジオ・カメラマン、音声などの技術スタッフが番組全体の進行についてだいたいの流れを事前に摑んでおく必要があるからです。その項目の中で、どの辺りでパネル（番組名物の情報満載の大型ボード。これもミヤネ屋の特色ですが、これについても後述します）をいじるのか、どこでフリップ（手元で紹介する、情報が書かれた小型ボード）を示すのかが事前にわかっていれば、カメラマンも助かるのです。

そして私も含めてコメンテーターにとっては、コーナー台本に書かれている想定問答通りには決して質問されないとわかっていても、その項目がだいたいどういう流れで進んでいくのかを知っていれば、少しは安心できるのです。いわば、いつ何を聞かれるかわからないプレッシャーの中での精神安定剤のようなものだと思っています。

番組に慣れてくるに従って、私はこのコーナー台本も以前のようには詳しく読み込まないことが増えてきました。そうすると、そのコーナーの流れが完全に頭に入っていないこともあり、私のコメントの後で紹介することになっていたパネルやフリップの内容について、私が先取りしてコメントしてしまうこともあります。すると、そういうことを決して見逃さない宮根さんから「春川さん、あんた台本読んでへんの？　その話はこれからするんやから」という強烈な指摘が飛んでくるのです。

こういった番組進行の段取りのつまずきという裏側をあえて暴露することで、番組進行に支障をきたすようなことも笑いに変えてプラスに持っていくという、長年のスタジオでの生放送で百戦錬磨の宮根さんならではの仕切りには何度も助けられています。

空撮映像が飛び込む

これまで書いてきたように、ミヤネ屋では生放送ということもあり、番組が始まってからも宮根さんやサブの判断で番組内容が大きく変更され、予定されていた項目が放送されないことは当たり前になっています。

その一方で、番組が始まってから予定していなかった新たなニュース（新しいニュースが事前に予定されていないのは当たり前ですが）が飛び込んでくることもしばしばです。注目されている裁判の判決などの場合は、あらかじめスケジュールがわかっていますが、有名人の訃報や、結婚、離婚などの場合はいきなり発表されるので、番組スタッフもスタジオの出演者も対応に追われます。最近では、芸能人の交際や結婚、離婚などのプライベート情報が、ご本人のツイッターやブログ、SNS（ソーシャル・ネットワーキング・サービス）などで最初に明らかにされることも多いので、チェックするスタッフや芸能リポーターもたいへんです。

ちなみに、番組でコメントしていて難しいなあと思うのは訃報です。亡くなった有名人について、いつも詳しく知っているとは限らないにもかかわらず、視聴者に「そういう人だったよなあ」と思っていただけるようなコメントをしなければなりません。宮根さんがコメンテーター一人ひとりに順番にコメントを求める場合、私の席が司会者席から最も離れているということもあり、最後にコメントを求められることが多いのですが、訃報の場合は、そのコーナーの締めとして、亡くなった方の人生について聞かれることが多く、いつも本当に気を遣います（〈そんな難しいことを私に聞いて、それで私のコメントでこのコーナー締める訳？　ホンマ、頼むわ〉と思うこともよくあります）。

番組開始後に飛び込んでくるニュースの中で私が最も緊張を強いられるのは、突発の事件や事故が起きて取材用のヘリコプターが飛び立ち、現場に到着した途端に上空からの映像を生中継で送ってくる時です。

ミヤネ屋だけでなく、ニュース番組にはいまやヘリコプターによる空撮取材が不可欠です。どれだけ他社より早く現場に到着し、映像を届けることができるかが勝負の分かれ目です。テレビ各社の取材用ヘリコプターは空港でスタンバイしていて、何か起きればそこに待機しているカメラマンを乗せてすぐに現場に急行します。そのため読売テレビのヘリコプターとカメラマンは、一年三六五日、毎日午前八時三〇分から夜七時まで空港に待機しています。

ニュースの第一報では、「どこどこで銀行強盗発生」とか「軽飛行機が墜落した模様」などの発生情報だけを頼りにヘリコプターが飛ぶと同時に、その情報のみがスタジオにも伝えられます。ミヤネ屋でも、いままで何度もヘリコプターから撮影している届いたばかりの空撮映像でニュースの第一報を伝えました。そんな時、宮根さんがニュースのリード（導入部分の原稿。例えば「今日午後二時頃、大阪市中央区で銀行強盗が発生し、犯人は逃走しています」などといった原稿）だけを読み上げ、あとは空撮映像を頼りに伝えていきます。

そんな時、真っ先にコメントを求められるのは解説委員の宿命です。宮根さんに「春川さん、どんな状況なのでしょうか?」と聞かれると、内心では(私もいま、あんたと一緒に初めて見たばかりやのに、詳しいことなんかわかる訳ないやん)と思いながらも、そんなことも言えず、「警察車両が見えるので、現場の状況を確認すると共に緊急配備を敷いて逃走した犯人の行方を追っていると思います」とかなんとか、頭をフル回転させてこれまでの警察取材の経験や知識からコメントする訳です。

ある時、兵庫県の明石と淡路島の間にある明石海峡で小型タンカーと貨物船が衝突したというニュースが飛び込んできました。ヘリコプターからの空撮映像が突然スタジオのモニターに映し出された時には、コメントを求められるのはわかっていたのでとっさに「明石海峡は狭く潮の流れが速い上に、交通量が多いので船の行き来には注意が必要な場所」という基礎情報を頭で反復しコメントの用意をしました。すると宮根さんはなんと「明石海峡は狭くて潮の流れが速いので危険なんですよね、春川さん」と聞いてきたのです。(先にそこまで言うなよ)と頭の中が一瞬真っ白になりましたが、「そうなんです、船の行き来が激しい所なので、乗組員も十分注意していると思うのですが」とかなんとかコメントしたのだと記憶しています。生放送を長年やっていて、突発のニュースにも難なく対応する宮根さんは、じつは解説委員泣かせでもあるのです。

突発ニュースでは日本テレビと連携

予期せぬニュースと言えば、災害報道が強く印象に残っています。大阪のテレビ局で三〇年近く働いている宮根さんと私（宮根さんは一九八七年朝日放送に入社、私は八五年に読売テレビに入社）にとって忘れられないのは、一九九五年一月一七日に起きた阪神・淡路大震災です。

阪神・淡路大震災が発生した午前五時四六分。私は泊まりデスクとして報道フロアで朝ニュースの原稿をチェックしていました。大阪にある本社でも身の危険を感じるほどの激しい揺れを感じました。視聴者から阪神高速道路が倒壊したと電話があっても信じられず、神戸の長田地区で大規模な火災が発生している様子を映し出すヘリコプターからの映像をサブで見て、大きなショックを受けたのを、昨日のことのように思い出します。阪神・淡路大震災が発生した直後から延々と続く震災報道については、それだけで一冊の本が書けるほどの出来事がありました。阪神・淡路大震災への想いは第5章でも詳しく述べます。

二〇一一年三月一一日、東日本大震災が起きた時は、ミヤネ屋の生放送中で私もスタジオのコメンテーター席に座っていました。番組の第一部がほぼ終わる頃の、東京からのニュースコーナーの直前のCM中に激しい揺れが起きました。大阪は最大震度3でしたがスタジオにある照明が大きく揺れ、阪神・淡路大震災の記憶が蘇り身の危険を感じました。番組では大きな地震があったことを伝え、身の安全を確保することや津波の危険性などについてコメントし、すぐに東京のスタジオに画面が切り替わって、その後、そのまま東京からの緊急地震特番になりました。

ミヤネ屋ではその後、毎年三月一一日前後に、福島県に番組が丸ごと出ていって全編生放送の震災特番を放送しています。私もほぼ毎回、震災特番に出演すると共に、これまで福島第一原発の構内に四度入り、その被害の深刻さを取材してきました。ミヤネ屋を福島から放送する度に、地元の人たちから「福島に来てくれてありがとう」と声を掛けていただき、今後も息長く被災地を見続けていかなければという思いを強くします。

二〇一五年二月一七日には、ミヤネ屋の放送開始直前に東北でまた地震が起きました。番組のオープニング・タイトルが流れている際に地震発生を知らせるニュース速報が入り、番組は急遽、災害報道に切り替わりました。午後一時四六分に岩手県沖を震源地としたマグニチュード5・7、最大震度5強という大きな地震が起きたのです。スタジオでは震度予想図を映し出して状況を伝えると共に、津波への警戒や身の安全の確保を呼びかけました。その後、キー局である日本テレビの報道局から最新情報を伝えてもらい、再び大阪のミヤネ屋のスタジオから地震の専門家に電話で何が起きているのかについて聞き、また日本テレビに戻して放送を続けました。

災害報道はもちろん、緊急時には全国を束ねるキー局である日本テレビ報道局との連携が何より重要なのです。このキー局との連携もミヤネ屋の強さのひとつなのですが、これについてもあらためて詳しく説明したいと思います。

生放送こそテレビの醍醐味

私は常々、生放送、生中継こそがテレビの醍醐味だと思っています。ニュースの詳細について詳しく分析する新聞の強みに対して、テレビの強みは、いま何が起きているのかを素早く伝える速報性だと言われます。

私は入社以来これまで三二年間、ずっと報道の仕事をしてきました。逆に言うと、報道以外の職場は知りません。ニュースVTRやドキュメンタリーの編集マンから始まって、報道記者、海外特派員、番組チーフ・プロデューサー、報道部長、解説委員と、幸せなことにずっと報道の最前線で仕事をしてきたのです。これまでのさまざまな立場で、ずっと生放送や生中継に携わってきて、「生」こそがテレビ報道の生きる道だという思いを強くしています。

読売テレビ報道局がレギュラーで放送している大型のニュースや情報番組は、三つあります。まず平日の夕方に放送している『かんさい情報ネット ten.』。近畿エリアに向けて放送している読売テレビのメインのニュース番組です。私も二〇〇九年三月の番組スタートから四年間、ニュース解説として出演していました。もうひとつは毎週土曜日朝に全国放送されている報道番組『ウェークアップ！ぷらす』です。この番組ではかつてチーフ・プロデューサーとして番組の総指揮を担当しました。そしていま出演している『情報ライブ ミヤネ屋』。三つの番組の中ではミヤネ屋が最も徹底的に「生」に拘《こだわ》っている番組だと、三つすべての番組に関わってきた私はそう思います。番組スタート時の総監督（後の総合演出）も「徹底的に視聴者目線で、いま知りたい情報を届けられる番組にしたかった」と話しています。

心配になるほど、すぐに記者会見を生中継するミヤネ屋。どういう内容になるか事前にはよくわからないが、いま注目の人物が記者会見するなら生乗りする。面白くなければ、途中で飛び降りればいい。面白かったら、とことん生で聞かせる。その「生」を大切にする姿勢がこの番組の強さでもあります。

何が起きるかわからないという、そのドキドキ感がミヤネ屋の魅力でもあるのです。そのためには、番組スタッフはもとより、出演者も含めて番組関係者すべてが生に強いことが求められます。某公共放送の元海外特派員だったコメンテーターの方が、突発のニュースが入ってきてそれをスタッフが見事にさばいていくのを見る度に、コメンテーター席の隣に座る私に囁《ささや》きます。「東京の局と比べてこんなに少ない人数で、こんなに少ない予算で、見事に突発ニュースを扱うミヤネ屋の力には驚きます」と。

ちなみに同じような全国ネットの番組を作る際、東京と大阪のテレビ局では、私自身の経験や番組責任者の私見によると、東京は大阪に比べてざっと予算で約三倍、スタッフの人数で約二倍を投入しています。それほど違うのです。

生に強い宮根さんと、生に見事に対応する番組スタッフに加えて、生放送、生中継を支える強力な出演者がレギュラーのリポーター陣です。中でも藤村幸司さんと中山正敏さんの二大巨頭の生リポートは、毎回勉強になるほど生中継のお手本のような内容です。

長崎国際テレビの社員アナウンサーを一七年間務めてフリーアナウンサーになった藤村さんは、ミヤネ屋が全国ネットになる直前に番組に加わりました。ミヤネ屋に出演し始めた頃には、ディレクターが書きデスクがチェックした原稿通りにリポートさせられて、そのストレスで辞めようと思ったそうです。しかし徐々に「藤村なら大丈夫」と任されるようになったといいます。

藤村さんは、「中継現場に出ると、送り返しの映像（現場でチェックするための実際に放送されている映像）が見られない場合でも、スタジオの宮根さんの『ハー』とか『アー』とかいう何気ない相槌の音声だけで、その時に話しているネタが良いのかどうかわかる」と言います。

その藤村さんから見る番組の面白さとは、「ミヤネ屋は宮根誠司ショーだと思っているので、宮根さんが楽しめるようにボケと突っ込みも考えている。予定調和じゃなく段取りを踏まないことが面白さやと思う」。

一方、スーパーマーケットの店員からフリーアナウンサーになった中山さんは、リポーターをしていた『ザ・ワイド』の終了後にミヤネ屋に出演するようになりました。『ザ・ワイド』では喋る内容が事前にチェックされていたので、ミヤネ屋での打ち合わせなしの宮根さんからの突然の質問に「そんなことを聞きますかと、最初は面食らいました」と戸惑ったもののの、「視聴者が知りたいことを早めに聞いてくるのだ。これがミヤネ屋だ」と思ったそうです。

東京生まれの中山さんは関東と関西の違いも感じるそうです。柔らかいネタで無茶振りされると、「(宮根さんの振りに対する)今日の中継での返しは、あれで良かったのかなあ」と受けやボケを求める関西のノリに付いていけているかどうかが日々気になるそうです。そういう無茶振りをする宮根さんについては「無茶振りすればするほど、相手がかわいそうと批判もされるだろうに、それよりもニュースを面白く伝えて理解してもらおうとする姿勢が凄い」と語ってくれました。

藤村さんと中山さんに限らず、ミヤネ屋のリポーター陣は、生中継において手元の原稿を読むことはありません。中継場所の説明から、現場の状況やこれまでの経緯などを立て板に水のようにスラスラとわかりやすくリポートするのです。しかも、リポーターが喋っている最中にも、宮根さんの容赦ない質問が降りかかります（この宮根さんの割り込みについても、後ほど詳しく述べます）が、それを難なく受け止めてリポートをまとめ上げる実力は、さすがの一言です。

テレビのプロのリポーターなのだから、手元の原稿やメモを見ることなく喋り続けられて当たり前と思うかも知れませんが、残念ながらそうでもないのが現状です。特に、ニュースに出てくる報道記者に多く見られますが、いきなり頭の顔出し部分で手元の原稿を棒読みする姿にはガッカリさせられます。

生中継の間でもＶＴＲが挿入されたら手元の原稿を読めるのだから、「カメラに映っている最初と最後のそれぞれ一〇～一五秒ほどの顔出しのコメントぐらい覚えたら」と思ってしまいます。「私はいま、〇〇にいます」という冒頭の決まり文句も是非やめて欲しいです。以前にある局のニュースのメインキャスターが現場から生中継した際に、いきなり「私はいま、〇〇に来ています」とリポートを始めた時には、驚くと共にたいへん残念に感じました。「なんぼ何でも、メインキャスターがそれはないやろ」と思わず画面に突っ込んでしまいました。

私は原稿がそれほどうまくない記者だと言われましたが、生中継にだけは自分なりに拘りがありました。ロサンゼルス特派員だった時には、四年間でアメリカや中南米諸国から一一七回も生中継させてもらったほど事件や事故など数多くのニュースを取材する機会に恵まれましたが、カメラに映る際の話し方やキャスターとの掛け合いに全精力を注ぎました。いつも横並びで生中継しているアメリカのテレビ局のリポーターが何も見ずに流れるようにリポートする姿を見て、彼らに負けたくなかったのです。

生中継をするための環境も、その頃といまでは大きく様変わりしました。生中継する以前の問題として、いかに中継車を早く現場に持ってきて中継回線を確保するかが問われた私たちの時代と違って、いまでは携帯電話の回線を使い、小さな装置でどこからでも、いつでも生中継できるという、リポーターにとってはとても恵まれている反面、競争の厳しい時代なのです。それだけに、ミヤネ屋のリポーター陣の能力の高さをいつも尊敬の目で見ています。

「掛け合いNG」こそNG

そんなやり手揃いのレギュラーのリポーター陣の他にも、ミヤネ屋には全国の系列各局から報道記者やアナウンサーらがリポーターとして出演しています。このNNN（ニッポン・ニュース・ネットワーク）という日本テレビをキー局とする系列のニュースネットワークの結束力の強さも、ミヤネ屋の強さのひとつです。

キー局である日本テレビの全国ネットのニュース番組に、系列局がそれぞれの地元で起きたニュースを送ったり生中継を提供したりすることは当たり前なのですが、キー局でない読売テレビが制作する全国ネットのニュース情報番組に同じことをして協力してもらうためには、お互いの信頼関係が重要なのです（この重要性についても後述します）。簡単に言うと、ミヤネ屋は自分たちの番組なのだという意識を各局に持ってもらえることが求められるのです。

ミヤネ屋が生放送、生中継を大切にする番組であるということは、いまでは系列各局にも知れ渡っています。系列局から生中継で出演してくださるアナウンサーや記者にとっては、司会の宮根さんから矢のように質問がいっぱい飛んでくることがプレッシャーになっているという話もよく聞きます。

そういえば、私がまだ現場の記者で生中継のリポートなどをやっていた当時、日本テレビの夕方ニュースのメインキャスターに同じような人がいました。徳光和夫さんです。鉄道事故の現場から事故発生直後にやっとの思いで生中継した時に、中継の冒頭で徳光さんからいきなり「事故原因は何ですか？」と聞かれて一瞬絶句しました。（事故が起きたばかりで状況もわかっていないのに、原因がわかるはずないやろ）と思いながらも、なんとかリポートを終えました。宮根さんが中継リポーターに鋭い質問を突然投げかけるのを見る度に、その時のことを思い出します。この徳光さんからの予期せぬ突然の質問から、プロとして生中継に臨む心構えのようなものを教えられた気がします。

ちなみに、何年か前にある番組で徳光さんとご一緒した際に、放送の中でその思い出を話したところ、徳光さんから「それなら、わからないと言ってくれたら良かったのに」と返されました。しかし、ニュースでは「わからない」は言えないのです（これについても、後述します）。

話をミヤネ屋に戻します。ミヤネ屋が関西ローカルから全国ネットになって、いまのように系列局から地元で起きたニュースについての生中継をしてもらうことが増えてきた頃に、こんなことがよくありました。サブからの指示をスタジオで宮根さんに伝えるFMが、中継の直前に「掛け合いNG」というカンペを出すのです。

どういうことかというと、事件や事故の現場から中継する記者やアナウンサーが現場に到着したばかりで、現場の状況やニュースの進展具合について詳しく話せる程にはまだよく理解できていない段階なので、宮根さんからの質問はしないで欲しい、つまり「掛け合いNG」だということなのです。また、リポーターの技量から考えると、事前の打ち合わせナシのアドリブでの掛け合いは難しいという場合もあったかも知れません。

読売テレビとしては、地元局に対して自局の夕方ニュースより早い段階でのミヤネ屋に向けての生中継を無理を言ってお願いしているので、宮根さんと掛け合いをして欲しいというリクエストまでは難しいのです。しかしその事情は、系列局とお付き合いする窓口の報道部長を経験した私にはよく理解できますが、番組を観ている視聴者には関係ありません。視聴者の知りたいこと、疑問点を宮根さんが代わりに聞くことを大事にしている番組としては、「掛け合いNG」こそNGだと思います。

そこで、FMから「掛け合いNG」という指示を出されて戸惑っている宮根さんに対して、私はコメンテーター席から何度か「かめへんから、無視して質問したらええんちゃう」とアドバイスしたものです。それが番組のためでもあり、ひいてはリポーターのためにもなると信じているからなのです。

無茶振りは突然に

ニュースの現場から生中継するリポーターへの矢継ぎ早の厳しい質問に、驚いてばかりはいられません。予期せぬ無茶振りは、当然、スタジオに並ぶコメンテーターにも向けられるのです。

私は多かった時には週三回、二年ほど前からは東京での取材を充実させるために一回減らして週二回、ミヤネ屋に出演しています。そう考えると、これまで放送回数が二七〇〇回を超える番組に最も出演しているコメンテーターは私だと思います。

基本的には出演日は固定（現在は毎週木曜日と金曜日）されていますが、これまでは違う曜日にレギュラー出演していたこともある上、たまにはそれ以外の曜日に出演することもあるので、番組開始以来この番組に出演したコメンテーターのほぼすべての方々と、共演させていただいたことになります。

自分の出演日以外の放送を観ることは滅多にないので確たることは言えませんが、おそらくコメンテーターの中で最も無茶振りされているのも私だと思います。多くの人から「また、春川さん無茶振りされてたなあ」「あんなこと、突然聞かれてよう答えられるなあ」とよく言われます。

自分でも（また無茶振りやなあ）と内心思うこともありますが、宮根さんには感謝の気持ちしかありません。それはなぜかというと、記者として現場からの生中継や、生放送のスタジオでの解説は何度も経験していたものの、それまで生番組でのコメンテーターとしての経験がまったくなかった私に対して、生放送のスタジオでの掛け合いの何たるかを、一から手取り足取り教えてくれたのが宮根さんだからです。

「記者としての現場からの生中継や、生放送のスタジオでの解説」と「生番組でのコメンテーター」と何が違うのかと思われるかも知れませんが、私にとってはまったく違います。

前者は、自分で取材してきた内容に関してのみ話すのに対して、後者は、自分自身で直接取材していない内容についてもコメントしなければなりません。私の感覚では、前者は自信を持って話せますが、後者は自分で取材していない分だけ話が丸くなりがちです。もっと言えば、前者では「それは○○です」と言い切れますが、後者では「○○という見方もあります」となることが多いのです。

もちろん、視聴者にとっては、そんな立場の違いは関係ありません。たとえ自分で直接取材していないニュースでも、報道記者や解説委員としてのこれまでの知識や経験を基に、わかりやすく解説して欲しいと思っていることでしょう。宮根さんは、そんな視聴者の思いを代弁して私に、突然、難しい質問を投げかけてくるのだと自分では理解しています。第3章や第4章でもまた詳しく述べますが、ニュースの解説以外でも、私への無茶振りは続きます。（こんなタイミングでそれ聞くかあ）とか（なんで番組の中でそんなこと聞かなあかんの）と思うこともしばしばですが、それも宮根さんの愛情だと思っています。大阪では「いじられてなんぼ」の世界もあるのです。無茶振りに対して、イケてない答えを返した時には、宮根さんの目が「まだまだやなあ」と言っているのがわかるようになってきました。私も少しは成長したのかも知れません。

パネル芸

生中継と並んでミヤネ屋の名物と言われるものがあります。それがパネルです。時事ニュースに始まって、芸能、スポーツまで広範囲のネタについて、それまでの経緯や基礎知識、話のポイントなどがまとめられた情報満載の大型のボードです。

そのコーナーになると、スタジオでAD（アシスタント・ディレクター）がカメラに映らないようにしながら手で運び入れるのを皆さんもよく見かけると思います。宮根さんが、このパネルを手で叩きながら「うちの番組は全国ネットやのにお金がないから、こんなペラペラの

番組名物・パネル

写真提供：読売テレビ

パネル一枚で三〇分も一時間も持たせせなあかん」と言っている、番組名物なのです。

パネルには、そのコーナーの話の流れに合わせて、スタジオでのやり取りの肝になるような情報が書かれています。「めくり」といって、強調したい情報は最初は隠されていて、音効さん（効果音を付ける技術スタッフ）が生で付ける音と共にカバーをめくると、キーとなる情報が出てくるのです。このパネルの進行にコメンテーターや専門家とのやり取りを加えて、コーナーは進んでいきます。

このパネルについては、「大阪の番組では他でも使われていたが、全国ネットの制作者からみたら、これで二〇分も三〇分も持たせるなんて信じられないだろう。このパネルのアナログ感が面白い」（ミヤネ屋の基になった前番組のエグゼクティブ・プロデューサー）ということで、ミヤネ屋が最初に使い始めたのではないようです。

ミヤネ屋でパネルを始めた経緯についてはいろいろな見方がありますが、番組開始時のCPによると、ミヤネ屋のパネルは「ウェークアップ」という番組で使っている屋台セット（司会者の前の斜めの平面に置かれた屋台のような形をしたパネル）から来たものだそうです。当初はニュースに自信がなかった宮根さんのために、番組の進行台本をパネルにしたものだったといいます。また番組スタート時から宮根さんの信頼を得て番組を支え、パネルも最初にやり始めたプロデューサーは誕生の経緯を「宮根さんは最初、スタジオにホワイトボードが欲しいと言ったが、照明の関係などでそれも難しく、お金もなかったので番組台本をパネルにした」と、話してくれました。

このパネルについては、「パネルを担当できたらディレクターとして一人前」（曜日担当デスク）と言われています。パネルで扱う内容が予定もの（前もってスケジュールがわかっているネタ）の場合は、その制作は放送の一週間前から始まります。担当ディレクターはそのネタについて徹底的にリサーチと勉強をして、放送前日の夕方にパネル案の第一稿を完成させます。そして担当デスクと相談しながら放送当日の午前中には内容を確定させなければなりません。大型のパネルを印刷する工程があるので時間との闘いなのです。

パネルを作る際には「他局との差別化、新しい情報、ミヤネ屋独自の目線などを重要視し、パネルだけでなくＶＴＲやマルチ画面（宮根さんの横に置かれた大きなテレビモニター）、フリップ（手元で情報を伝える小型パネル）、コメンテーターとのトークなどをいかに展開させるかを考える」（パネルを数多く担当するディレクター）のです。パネルは「番組を観ている人が難しいと思ったらアウトで、字が多くて教科書のようになったら観てくれない。顔写真や図解などデザインも大切」（前出の曜日担当デスク）だということです。このパネル部分については、スタジオカメラなどとの打ち合わせも兼ねて、場合によっては宮根さんも参加して放送直前にリハーサルが行われています。

いまや「パネル芸」とまで言われるようになったパネルいじりをする当の宮根さんは、パネルが生まれた経緯についてこう話してくれました。

「台本がなくてフリートークしてたら、一回立てたフリップをもう一回立てるのは煩《わずら》わしいから、フリップの塊にしてくれとお願いした。コメンテーターの人が話をしたら、あ、この話ですねとフリップにいちいち戻るのではなくて、パネルの中であっち行ったりこっち行ったり、いつでも戻ったりできるのをやろうと言った」。まさに、いまスタジオで展開されている通りの狙いがあった訳です。

初めての前日打ち合わせ

番組のMC打ち合わせはたった三分間。コメンテーターが集まっての打ち合わせはなし。宮根さんからの質問は何が来るかまったくわからず、ほぼすべてのやり取りがぶっつけ本番のアドリブ。番組を観ている人には信じられないかも知れませんが、ここまで書いてきたように、それが番組の実態なのです。そのドキドキ感、緊張感が、番組の活力になっていると思います。

そんなミヤネ屋ですが、一〇年近くコメンテーターとして出演してきて、たった一度だけ宮根さんと番組が始まる前に、しかもなんと前日にじっくり打ち合わせをしたことがあります。それは二〇一五年九月四日放送のミヤネ屋に、安倍首相が生出演した時のことです。

安倍首相がミヤネ屋に一時間も生出演することが決まり、番組サイドとしては「ミヤネ屋予算委員会で宮根さんが代表質問に立つ」という国会のような形を使って、当時国会で議論されていた安全保障法制について宮根さんが首相に聞きたいことをズバッと聞くという方針で放送すると聞いていました。

もちろんメインMCである宮根さんが中心となって聞くことは当然ですし、一時間といってもCMを除けば実質四〇分間ほどしか時間はありません。しかも放送ではコメンテーターは私を含めて全部で四人になるので、私が質問する機会は一度だけだなと思ったのです。

私が前日に宮根さんの楽屋を訪ねてわざわざ異例の打ち合わせをした理由は、現職の総理大臣が初めてミヤネ屋の生放送に出演するので、番組としても、宮根さんとしても、私としても失敗は許されないと思ったからです。その時に、宮根さんと事前に打ち合わせしたことは誰にも言いませんでした。

私が解説委員として最も大切にしていることは、バランスを取ることです。スタジオでの発言やVTRを含めての番組全体のトーンに偏りがないようにバランスを取る、特に放送法第四条に「政治的に公平であること」と定められているように、政治的なバランスを取ることを心掛けています。

世論が真っ二つに割れている安全保障法制について、安倍首相が番組内で自論を延々と述べたり、他のコメンテーターが安倍首相を応援するようなコメントを述べたりしたら、法案に反対している立場の人の意見も紹介しなければと思っていました。権力を監視するのがジャーナリズムの使命なのですから、その使命を果たさなければと思っていました。

打ち合わせでは宮根さんに、明日の番組の中で私としてはこれだけは聞きたいという内容を伝えました。それは、安全保障法制についての安倍政権の議論の進め方がちょっと強引で、安倍さんがどこまで行くのか心配で怖いという声があることについてどう思うか、首相自身に聞きたいというものでした。

私が解説委員としてもうひとつ大切にしていることは、出しゃばらないということなので、この質問以外は、どうぞ宮根さんや他のコメンテーターの人が聞いてくださいという話もしました。

その時に、現職の首相がスタジオに入ってきていきなり厳しい質問を投げかけるのもどうかと思うので、最初は宮根さんにいろいろと質問してもらって、スタジオの空気が温まってきた段階で私がどこかで聞こうと思っていると伝えましたが、宮根さんは「早めに聞いたほうがいいのではないですか」とは言っていました。

そして安倍首相をスタジオに迎えての放送当日がやってきました。

安倍首相に「誰のための総理？」

その日の読売テレビの社内にはピリピリした空気が流れていました。現職の総理大臣が生放送に出演するということで、ミヤネ屋のスタジオがある二階のフロアには警護の警察官が張り付いている中、随行の秘書官らを従えて安倍首相がスタジオに入ってきました。

さすがの宮根さんも珍しく緊張しているように見えて、得意の突発的な無茶振りも安倍首相に対しては少なかったように感じました。打ち合わせの通り、私の一回だけの質問は少し時間が経ってからと思っていたところ、宮根さんが少し質問した後でいきなり来ました。「春川さん、何か安倍さんに聞きたいことはありませんか？」。（おいおい、いきなりかよ。スタジオはまだまったく温まってないやん）とも思いましたが、打ち合わせ通り以下のように安倍首相に質問しました。当日の放送でのやり取りを正確にお伝えするために、録画したVTRで確認した通り以下に紹介します。

春川「私は総理、いろんな所でいろんな話を聞いて、学生の人たちとも喋ってても、やっぱり総理が仰るように『抑止力として法整備は必要だな』と言う人が多いんですよね。多いんですけど、それと共に聞かれるのは、いや、安倍さんがどこまでも行ってしまうんじゃないかと、すごく心配だと。もっと言うなら、安倍さんのなんか考え方がちょっと怖いんじゃないかという声がよく聞こえるんですけれども、そういう声は総理のもとには届いてらっしゃいますか？」

安倍首相「もちろん、そういうのは新聞とかテレビでそういう解説がありますから、よく承知をしてますが、日本というのは、もう堂々たる民主主義国家です。私も、国民から選ばれた国会議員の中から選ばれた総理大臣です。今度の法律は政府だけではなくて、国会も承認しなければいけない。つまりシビリアンコントロールがしっかりと機能する形で法律は作られています」

安倍首相が私の質問に真正面から答えたのはここまでで、この後は法律の内容やミサイルとミサイル防衛の話を長々としました。私は、「聞いているのはそういう話ではなくて」と突っ込みたくなりましたが、まだ首相を迎えたコーナーの前半だったので思い留まったのです。

もう私の出番はないかなと思っていたところ、コーナーの中盤で宮根さんが「ここまでの議論を聞いて、春川さんどうですか？」と聞いてくれたので、二度目はこう聞きました。

春川「例えば私、学生に教えてる時に、ふだん、ニュースとか全然、新聞もテレビも見てないような学生に、来週、(戦後)七〇年談話やるから、来週、安保法制やるから調べてきなさいって言ったんですよ。学生が一週間、テレビとか新聞を見てきて、『先生、安倍さんなんか、やり方がこのまま行くと怖いですよね』って言うんですよ。私は『何が怖いの？』と言ったんです。(中略)最終的に安倍さんは自分のやりたいようにやってしまうんじゃないかと不安感を持つって言う複数の学生がいたんですよ。その話を一般の人にしたら、『そうだよね』って言う人がいらっしゃるので、私はいま総理が仰ってる抑止力とか日本を守るっていうことは、ほとんどの国民が『その通りだ』と思うんですけども、その一方で安倍さんがリーダーとして、人の話にほんとに耳を傾けてくれるのかなと、不安感を持ってる人が多いと思うんですよ。そこに対して、やっぱりもうちょっと丁寧に説明をしないと、ほんとうに『必要だろうな』と思ってる人になかなか伝わらないと思うんですけど、いかがですか」

安倍首相「もちろん、なるべく丁寧に説明をしようとしてるんですが、よく『暴走』と言いますがね。では『暴走』してどこへ行くんですか？　私が。私はそれを聞きたいんですね。いったい私が『暴走』して何をするんですか？　ということをむしろ『暴走をする』と言う人に聞きたいんですよ」

私が安倍首相とのやり取りで一番後悔したのはここです。私が質問したことについて、安倍首相が「暴走して私はどこへ行くんですか」と仰ったので、私はとっさに「戦争じゃないですか」と突っ込もうと思いました。でも聞かなかった理由については二つあって、ひとつは、現職の総理がずっとお話をされている時にいきなり割って入っていいのかという、ちょっと自分の実力不足を感じるためらいがあったのと、もうひとつは私自身が、日本が戦争の方向に向かうとは思っていないからです。だから、私は一瞬ためらって、割って入れなかったのです。でも、いまから考えれば、「暴走して私はどこへ行くんですか」と言われた時に、「戦争と思っている人が少なからずいらっしゃいますよ」という風に突っ込めば、話が広がったのではないかと思います。

二度の質問を終えて、さすがにもう出番はないだろうなと思っていたところ、残り時間も少なくなって宮根さんが「春川さん、言い残したことはありませんか？」という感じで聞いてきたのです。じつはもうひとつだけ安倍首相に聞きたいことがあったので、それを聞きました。

春川「集団的自衛権とか安全保障法制については、日本の安全保障環境が大きく変わるところなんで、やっぱり議論にはなると思うんですね。安倍総理は総裁選挙もたぶん無投票で続けられて、総理もまだ何年かやられるとした場合に、やっぱりこの問題だけではなしに、憲法改正ということも含めて、この国のトップリーダーとしてどこへ持っていくんだろうということに国民は、すごく関心あると思うんですよ。その時に、先ほどの繰り返しになりますけれども、私が総理にお聞きしたいのは、誰のための総理をやってらっしゃるんですかということです。選挙の時はやっぱり野党は叩くし、総裁選になったら対立候補は叩くでしょうけれども、選挙が終わったら、分断させるんじゃなしに、融合させるのがリーダーですよね？　そのためにはやっぱり自分と違う意見の人たちにも耳を傾けた上で、最後は多数決かもわかりません。でも、安倍さんはトップリーダーとして、私たちの声に耳を傾けてくれるんだということが広がれば、今回の法案もそうですし、今後、総理がやりたいと思ってらっしゃることも進んでいくと思うんですけども、そのことについてはいかがですか？」

安倍首相「私も、幅広く国民の皆さんの声に耳を傾けたいと思っています。しかし国会の議論の中においては、より生産的な議論をするためには、さまざまな事態に対して、先ほど申し上げました、近隣諸国からミサイルを撃たれた時に、その防衛のために展開をしている米国の艦船は守らなくてもいいんですかという問いかけに対しては、国会議員は答えなければいけないんですよ。

しかし残念ながら対案は示さないで、我々の案ばっかり憲法違反だとしか言わないと、これ議論は深まらないんですね。維新の党は対案を出しました。それは私は評価しています」

安倍首相の出演時間が終わってCMに入りました。首相がスタジオを去る際に宮根さんをはじめ、コメンテーター一人ひとりに「ありがとう」と声を掛け握手をされました。私に対してはちょっとぐらい嫌な顔をするのかなと思いましたが、最後まで満面の笑みを浮かべていました。それを見て、安倍首相に対してもっと厳しく言うべきだったかなと感じたのです。

放送終了後、この安倍首相とのやり取りについては、大阪と東京で受け取り方が違いました。

大阪では思ったほどの反響はありませんでした。社内でも、まあ良かったんじゃないかみたいな感じであまり反応がありませんでした。

ところが、その後東京に行った時に、東京の某キー局の政治部長が、ある会合で一緒になった際に「この前観ていましたけど、春川さん、よくあんなことを総理に聞きましたね」と私に言ったのです。

私は、別に言い過ぎたなということはまったくなくて、ジャーナリストとして聞くべきことを聞いただけだと思うのですが、おそらく東京の局では、これだけ直球で総理に聞くことはないのかも知れませんし、ましてや現職の総理に面と向かって、「誰のために総理をやっているのですか」という聞き方はたぶんしないので、やはり東京の人は受け止め方が違うのだなということを強く思いました。

第2章　「ミヤネ屋」ができるまで

いまだから正直に言いますが、『情報ライブ　ミヤネ屋』（二〇〇六年七月三一日放送開始）の前身番組となった『激テレ☆金曜日』（二〇〇五年一一月一一日放送開始）という週に一度放送されていた番組の司会者に宮根さんが決まった時、当時、報道部長だった私は宮根さんのことをよく知りませんでした。

「宮根誠司って誰？」と私が聞くと、周りの社員が「朝の番組で人気がある朝日放送の元局アナウンサーで、この前フリーになった人です」と教えてくれました。そう言われてみれば、顔は見たことがありましたが、顔と名前が一致しませんでした。私の当時の認識はその程度のものだったのです。

当時、全国の系列局で夕方ワイドと呼ばれるローカル放送のニュース情報番組が成功しつつありました。そこで読売テレビとしても何かやらなければということになり、編成や制作を中心に全社的なミッションとして、夕方ベルト番組（帯番組。月曜日から金曜日までの平日に毎日、放送する番組）を新たに立ち上げようということになったのです。

そして、それに向けてのトライアル番組であった「激テレ」の司会者として宮根さんに白羽の矢が立ちました。ちなみに、このトライアル番組というものはテレビ業界ではよくあることです。予算をかけ多くのスタッフを動員する大型番組などの制作を始める前には、まず司会者や出演者、そして番組内容に対しての視聴者の反応や視聴率をチェックするために、お試し版とも言える番組を作ることがあるのです。そのトライアル番組がうまくいけば、レギュラー番組としてスタートするという仕組みです。

読売テレビの社内で、誰が最初に宮根さんに声を掛けたのか、この本を執筆するにあたり社内で取材したところ、当時の制作部のＥＰ（エグゼクティブ・プロデューサー）だったのです。

そのＥＰによると、宮根さんが朝日放送を辞めるという話をある人を介して聞いていて、他局に獲られる前に自分たちで押さえてしまおうと考えたということです。「激テレ」の前の時間帯に放送していた『ザ・ワイド』の司会者であった草野仁さんとは違うタイプで、「馬力があって、関西の人で、うちの会社にはいないタイプで、関西の〝みのもんた〟を作ろう」ということで選んだと話してくれました。

「激テレ」で手応えが感じられたことで、二〇〇六年七月から番組は、毎日、放送されるベルト番組となり、番組タイトルも『情報ライブ　ミヤネ屋』となりました。

「激テレ」から「ミヤネ屋」にかけての番組立ち上げ時のＣＰ（チーフ・プロデューサー）によると、当初、宮根さんは「ニュースをしたことがない僕に何ができますか」と、いまでは信じられないような自信のないことを言っていたそうです。そんな宮根さんを、CPは「死ぬ気でやってくれ」と励まし、「この人をこの先、スターにしていく。読売テレビも本気やぞ、と宮根さんに思わせた」と言います。

この元番組CPは番組が成功した理由について、「歴代の優秀なスタッフと即応性。それに宮根さんが庶民目線で偉そうなことを言わず、ニュースをわかりやすくしてくれたこと」と分析してくれました。

この元CPはまた、ミヤネ屋のセットの秘密についても教えてくれました。セットデザインでコメンテーター席の高さを決める時に、宮根さんがコメンテーターに寄っていった際にコメンテーターと目の高さが同じになるようにセットの高さを考えたというのです。これはいまでも宮根さんがよくやる動きです。番組セットをデザインする段階で、宮根さんの動きをそこまで計算して考えていたことには驚かされました。

「そんな番組タイトルはないやろ」

ミヤネ屋という番組が二〇〇六年七月に関西ローカルでの放送が始まる時に、番組制作の体制が編成、制作、報道の三局合同という異例の形になりました。番組作りを担当するのは、通常は報道、制作、スポーツなどの現場セクションごとで、報道と制作や、報道とスポーツなどが組織の垣根を越えて合同で番組作りをすることはあまりありません。さらに、いつどのような内容の番組を放送するかという基本方針を決定するテレビ局の司令塔でもある編成が、現場のセクションと合同で番組作りをするというのも珍しいケースです。それだけ、ミヤネ屋に会社として力を入れていたということだと思います。その時、私は報道というニュース現場の最前線を統括する管理職である報道部長をやっていたのです。

編成から、ミヤネ屋をスタートさせるにあたって是非、報道も参加して欲しいと協力要請があった時に、なぜ報道にも声が掛かったのかをすぐに理解しました。情報番組としてニュースも大きく扱いたい。そのためには、ニュースのプロである報道の協力が欠かせない。さらに報道が関わるもうひとつの裏事情もあったのです。

ニュースを放送するには、ニュース素材が不可欠ですが、ふだんはバラエティ番組やドラマなどを作っている制作局が担当していては、系列局からニュース素材を配信してもらう際にはお金がかかる上、十分なニュース素材がもらえないのではという懸念が生じます。突発時の生中継などでも、系列局から十分な協力が得られない可能性が高いのです。いわゆる、報道と制作の縦割りです。読売テレビだけでなく、ニュースも扱う情報番組を抱える多くのテレビ局共通の、越えるのが難しい縦割りの壁だと思います。

それらもすべて理解した上で、私は報道の責任者として、ミヤネ屋に全面的に協力することを決めました。三二年間も報道一筋の私が言うのも何ですが、報道で働く者は、上から目線で、権威的で、簡単に言えば〝偉そう〟と社内外で思われていますし、実際、そういう側面があることも否定できません。いまでもそうですが、私はそういう報道のあり方を変えたいと思っていますし、テレビ番組という我々の最も大切にしなければならないものを創りだす時に、報道も制作もないと思っています。

私のそういう思いが、報道をミヤネ屋全面サポートに走らせました（まさか、後年、自分自身がミヤネ屋の出演者になるとは夢にも思っていませんでしたし、そのことについては、いまでも宮根さんにいじられています）。報道と制作という縦割りの壁を越えたのも、ミヤネ屋の強さの秘密のひとつではないかと私は思っています。

そんな私ですが、「ミヤネ屋」という番組タイトルを初めて聞かされた時は、とても驚きました。（なんぼなんでも、そんな番組タイトルはないやろ）と思いましたが、すでに決まっていたので、言いたい気持ちをぐっと抑えました。

このタイトルを考えたのは、番組スタート時の総監督（その後、報道に移管されてからは総合演出）です。彼は番組タイトルを「ミヤネ屋」に決めた理由について、「番組の最大の武器は宮根さんだと感じていました。宮根さんが番組とともにさらに大きな存在となることが成功への一番の近道だろうという思いから、冠番組的なタイトルを考えたのです。〝屋〟を付けたのは、宮根さんのざっくばらんさと親しみやすさを視聴者に感じて欲しかったからです」と話してくれました。

ミヤネ屋はその後、二〇〇八年から報道局制作に移管され、すべて報道局で作る体制に変わりました。ニュースを扱う分量が増え、コンプライアンスなどの問題も考慮するとともに、系列各局のさらなる協力も得たいということで、報道局が単独で作ることになったのです。

前出の総監督は、ミヤネ屋がうまくいった理由については、報道局主管となったことと、『ザ・ワイド』のスタッフたちが入ってきたことでワイドショー的な速報態勢が整えられたことが非常に大きいと思うと分析してくれました。

芸能やスポーツも多く扱うことなどから、いまでも「ミヤネ屋って報道が作っているのですか?」とよく驚かれますが、制作局でも、情報局でも、報道情報局でもなく、純粋にニュースを追いかけている報道局の番組なのです。

最高のスタッフを指名

前項でもお話ししたように、「ミヤネ屋」がスタートする時に報道局も加わることになったのですが、その際に私は最も信頼している人物を番組の最高責任者であるCPに指名すると共に、その番組制作能力を高く評価しとても信頼していた若手社員にもミヤネ屋を担当してもらうことを決めました。それが私なりの、報道局として本気でミヤネ屋に関わるという決意表明でした。

しかし、報道の中ではその人選に反対するような空気がありました。それでなくても報道局本体は忙しくて人が足りていないのに、海のものとも山のものともわからない新番組に、なぜ仕事ができる貴重な人材を送り込むのかという考えでした。そういう批判が充分想像できただけに、私はあえて「報道はミヤネ屋を本気でやるからな」というメッセージを報道の人たちに投げかける意味も込めたのです。

報道で働く人たちは、良い意味でも悪い意味でもプライドが高いと私は思います。特に、取材の最前線で頑張っている記者やデスクたち、それに報道の本筋である夕方のメインニュースに携わっている人たちにとっては、「俺たちが報道を支えている」という自負があり、たとえ全国ネットであっても、番組を制作している人たちに対して、負けないぞという思いがあるのです。両方の立場を経験してきた私には両方の気持ちがよくわかります。厳しい報道の世界だけに、その自負心はとても大切なのです。そのお互いのライバル心のような気持ちが良い方向に向かえば、組織はますます強くなっていくのだと思います。

ミヤネ屋が全国ネットの人気番組になれば、そのライバル心はますます強くなっていくでしょう。土曜日朝に放送している同じく大阪発の全国ネットの報道番組『ウェークアップ！ぷらす』にしても、ミヤネ屋に負けたくないという気持ちがあるでしょう。

報道部長をしていた時に、こんな経験をしました。日本企業での人事異動では、異動を告げると「なぜ、私が」という反応を受けることがしばしば起きます。取材の最前線から番組担当への人事異動を告げると、「どうして私が取材現場から外されて、番組に飛ばされるのですか」という反応が返ってくることもあります。

このことを考える度に、アメリカのメジャーリーグと日本のプロ野球のトレードの違いを思い起こします。メジャーでは、新たな活躍の場所があるからこそ、求められてチームを替わるという前向きな考え方をするのに対して、日本のプロ野球では、しばしば「どうして私が出されるのか、もうこのチームに必要ないのか」という後ろ向きな受け止め方を、本人も周りもしがちだと私は思います。

テレビ報道にとっては、一次情報を取ってきて現場で取材する最前線はもちろん重要ですが、その情報が視聴者に届けられる出口である番組も、同じぐらい重要なものなのです。そのことを若手の中にはなかなか理解できない人たちもいます。番組を経験したことがないので仕方がないのかも知れませんが。私が、取材最前線が最も偉いという考えに必ずしも捕らわれない理由は、入社してまず編集という縁の下の力持ちともいえる、重要でありながらも地味な職場に配属されたという経験があるからかも知れません。

関西ローカルから全国ネットへ

ミヤネ屋についてよく驚かれるのは、「なぜ関西のローカル番組が、全国ネットになったのですか？」という点です。番組スタート当時の編成部長によると、ミヤネ屋という番組が始まったそもそもの経緯では、読売テレビとしては最初から全国ネットを考えていた訳ではありません。最初は月曜日から金曜日のベルト番組として夕方のローカルワイドを立ち上げようと考えて、まずはそのパイロット版として「激テレ」をスタートさせ、これが成功したので番組名も「ミヤネ屋」に変えて、当初の予定通りに月～金放送の関西ローカルのベルト番組となったのです。

二〇〇六年夏に番組がスタートした当初は、放送時間はいまより二時間遅い一五時五〇分～一七時五〇分の二時間で、その前の時間帯の番組は『ザ・ワイド』（全国ネット）でした。しかし、ミヤネ屋が番組スタートした一年二ヵ月後の二〇〇七年九月二八日で『ザ・ワイド』が終了したため、同年一〇月一日からミヤネ屋の放送開始時間が二時間繰り上がり、いまと同じ一三時五五分からとなり、放送時間も一時間長くなって約三時間となったのです（その後二〇〇八年九月二九日からは一三時五五分〜一五時五〇分の二時間弱に変更）。『ザ・ワイド』が終了したので、その後継番組として「ミヤネ屋」が始まったと思われることが多いのですが（私の記憶も曖昧でした）、じつは両番組は一年以上、前後の番組として同じ時期に放送されていたのです。

読売テレビと日本テレビの共同制作だった『ザ・ワイド』の終了にあたっては、夕方のニュースや朝、昼の番組にスタッフと予算を集中させるために、その後継の番組は作られませんでした。しかし、『ザ・ワイド』のスタッフはその後、ミヤネ屋も含めた読売テレビと日本テレビの多くの生放送番組に配属され、その機動力や取材力を生かして各番組の生放送の強さの原動力となっていったのです。

ミヤネ屋がスタートした当時の総監督（ミヤネ屋が報道主管になってからは総合演出）は、「週一回放送の『激テレ』から月〜金のベルト番組となり、急造チームであるがゆえ、スタッフの人員、能力が到底追いつきませんでした。その後一時は毎日三時間の放送にもなり、とにかく放送枠をいかに埋めるかということばかりに苦心していました。結果、宮根さんのトーク力に多くを頼ることで毎日を凌《しの》いでいたのです。宮根さんからは『あんなことがしたい』『こんなことできないか』という、いかにも視聴者も興味を持ってくれそうなテーマ、アイデアが毎日のように提案されましたが、チーム力としてなかなか応えられず、常に申し訳ないと思っていました」と、当時の苦労を語ってくれました。

『ザ・ワイド』という全国ネットの番組が終了することになって困ったのは、系列のローカル局でした。二時間という枠が空いてしまうことになるので、夕方のニュースに繋ぐ生放送が欲しいよねという声が系列ローカル局から上がり、「ミヤネ屋」というローカル番組をすでに放送していた読売テレビが日本テレビとテレビ信州を除く系列各局に「ミヤネ屋」を番組販売することになったのです。

当初は番組をネットするのではなく番組販売だったので、最初の一時間だけ放送する局や、日によっては途中で飛び降りる局などもありました。二〇〇八年一月からテレビ信州でも放送が始まり、系列では最後まで放送していなかった日本テレビもついに同年三月三一日から第一部だけですが放送を開始し、ミヤネ屋は全国ネットになったのです（同年年九月一日からは日本テレビでも第一部、第二部すべてネット開始）。

という訳なので、最初から全国ネットを目指していた訳ではないのです。全国ネットだった『ザ・ワイド』が終了することになって、系列各局からの要望にも後押しされて、「ミヤネ屋」は関西ローカルから全国ネットへの階段を駆け上がっていったというのが真相です。

この午後二時から四時という時間帯は、全国の系列局にとって、とても重要なゾーンです。昼に日本テレビから全国ネットされている生番組と、各局が自社で作っている夕方のローカルワイドの間を繋ぐ時間帯なので、ここの視聴率が良ければ、各局のローカルワイドの視聴率アップにも大きく貢献することになるからです。だから、系列各局もミヤネ屋のことを自局の番組のように可愛がってくださいますし、ニュース素材の提供や生中継などでも全面的に協力してくださるという面もあると思います。

日本テレビの報道フロアに自席

東京・汐留《しおどめ》にある日本テレビ本社。読売テレビも所属するNNN系列のキー局です。五階にある報道フロアの片隅に、ミヤネ屋の東京駐在プロデューサーが座る席があります。

話は私が解説委員になった二〇〇七年七月まで遡ります。三年間の報道部長という職責を終え、報道局からどこかの局の部長にでも人事異動になると思っていた私は、思ってもいなかった解説委員に指名されました。当初は断り続けましたが、結局上司に押し切られました。

解説委員になった私は東京への単身赴任となり、まずはキー局である日本テレビ報道局へご挨拶に伺いました。私が解説委員になった日から一日も休むことなくいまでも読売テレビの公式ホームページに書き続けているブログ「解説委員室　無難でなく」(http://www.ytv.co.jp/blog/commentator/harukawa/) の第一回である二〇〇七年七月二日の原稿にはこう書かれています。

「解説委員初日。（中略）飛行機で東京に着任した。まずは東京キー局である日本テレビの報道局に挨拶、と思い報道フロアに行ったところ、ちょうど夕方の『立会い』（どんな内容のニュースをやるかの情報交換会）中で日本テレビの新入社員、人事異動の方々が1人1人マイクを持って挨拶していた。私も特別に挨拶をさせて頂けることに。『読売テレビのみならず、日本テレビ、系列各局のために働きますので宜しく御願いします』これが解説委員生活の第一声となった」

なんとまあ、初々しい挨拶です。その際に、私が長年たいへんお世話になっている日本テレビ報道局の幹部が、「春川も東京で取材するなら、この報道フロアに自分の席があったほうがいいだろう」と、わざわざ私の席を特別に設けてくれたのです。たまにしか顔を見せない大阪の局の者のために、報道フロアに席を作って、なんとパソコンまで用意してくれました。本当にありがたいことです。こうして私の解説委員人生が始まりました。そして、まさにその席がミヤネ屋の東京駐在スタッフに代々受け継がれているのです。

大阪から全国の系列局に向けてニュースや芸能、スポーツなどを発信しているミヤネ屋にとって、NNN系列各局の全面的な協力は不可欠です。中でも系列の司令塔でもあるキー局の日本テレビ報道局の協力なしにはミヤネ屋は成り立ちません。

日本のみならず世界中で起きているニュースとそれらへの取材に関する情報共有に始まって、ニュース素材の配信や生中継の協力、突発の事件や事故が起きた時のヘリコプターによる生中継、海外支局からの生中継など、日本テレビの全面的な協力態勢があってこそ、大阪発の全国ネットの報道番組が成り立っているのです。そういう意味では、「ミヤネ屋」のみならず、私が以前にチーフ・プロデューサーをやっていた「ウェークアップ」でも、日本テレビ報道局にはたいへんお世話になっています。このキー局である日本テレビと、準キー局である読売テレビとの強力な協力関係も、ミヤネ屋の強さの秘密です。

先輩たちが築いてきたNY関係

NYといってもニューヨークのことではありません。Nとは日本テレビの頭文字、Yは読売テレビです。NNN系列でNYといえば日本テレビと読売テレビのことを指すのです。ちなみに、日本テレビでは報道のみならず多くの人が、読売テレビのことを「Yさん」と呼びますが、反対に読売テレビの人が日本テレビに対して「Nさん」と呼ぶのはほとんど聞きません。丁寧に「日本テレビさん」または「日テレさん」と言います。

そのNY関係ですが、両社はさまざまな分野で協力して働いていますが、最も関係が深くふだんから常に協力して働いているのは報道局だと思います。

前項でも書きましたが、日本テレビ系列のテレビ局は、ニュースを相互にネットすることを目的とした組織であるNNNに加盟しています。北は札幌テレビから南は鹿児島読売テレビまで、全国三〇の系列局が加盟し、協力して日本全国のニュースをカバーしています。そのネットワークの中での長男が日本テレビで、二男が読売テレビと言えます。

民放テレビ局は、NNN以外にもそれぞれ東京のキー局を中心にして同様のニュースネットワークを組織して、同じように全国のニュースを取材、配信し、日々各系列間で熾烈な競争を繰り広げています。

NYは、長い時間をかけてお互いの信頼関係を築いてきました。時には意見を闘わせることもあります。東京のキー局と大阪の準キー局は、その立場の違いもあって考え方やモノの見方が異なることもあるのです。具体的に言えば、全国からニュース素材を集めて全国ニュースを東京から放送する責任を負うキー局と、地元のニュース素材を東京に届ける地方局（読売テレビも含めて）との間では、ニュースの扱い方や協力のやり方などについて意見を異にすることもある訳です。そうした場合、東京のキー局と地方局の双方の考え方がわかる大阪の準キー局は、その間に入ってさまざまな点で調整する役割を担うことも多いのです。

報道部長をやっていた頃に、在阪の準キー各局の報道部長が部長会などで顔を揃えると、「東京のキー局といかに向き合っているか」という話題でよく盛り上がりました。各系列とも程度の差こそあるものの、どの局も東京のキー局のやり方について一言あるのです。わがNYはふだんから本当によく言いたいことを言い合いますが、そういう他系列の話を聞いていると、我々はそれだけ本音で常に意見交換できる関係なのだなあと感じました。

代々の読売テレビの報道部長が日本テレビ報道局にどれだけ遠慮なく意見を言っていたのかは詳しく知りませんが、私の時は私の至らぬ点も多々あり、日本テレビに対して言いたいことを言い、よくぶつかっていました。ただ、それは、あくまでもNNNというニュース系列を良くしたいという思いからのことであり、常に建設的な意見をぶつけ合っていたと私は思っています。「私たちは運命共同体だから」という言葉をお互いよく使っていました。

読売テレビ報道局の先輩方が代々、長い時間をかけて日本テレビ報道局との良い関係を築き上げてきたのです。お互い、報道局の幹部から中堅社員、若手まで、それぞれのレベルでふだんから意思の疎通を図り、言いたいことを言える関係を作ってきたからこそ、他の系列ではなかなか難しいと思われている大阪発で全国ネットのニュース情報番組を続けてこられたのだと思います。

大阪から全国発信する重要性

「ミヤネ屋って東京のスタジオから放送されているんですよね」と、いまでもよく聞かれます。「ウェークアップ」を担当している時も、同じ質問をされました。コメンテーターの多くが東京の方ということもあるのでしょうが、全国ネットの番組は、ましてや全国ネットのニュース番組は、東京から放送されるのが当たり前だと思っている視聴者が多いのでしょう。

そう思われても仕方がないほど、ほとんどの全国ネットの番組は東京のキー局が東京で制作し、放送しています。大阪の準キー局の各局でも、それぞれ幾つか全国ネットの番組を制作していますが、そのほとんどはドラマやバラエティなど制作局が作っています。そして、その制作場所は出演者の関係で東京であることが多いのです。

大阪の準キー局が全国ネットの報道番組の制作に関わっているケースは他の系列でも見られます。共同制作という形を取ったり、大阪の準キー局からスタッフを東京のキー局に派遣したりしていますが、作っている場所は東京で、大阪のスタジオで作って全国に報道番組を発信するというケースはほとんどありません。その理由は、これまでにも書きましたが、大阪に全国や海外のニュース素材を集めることの難しさや、東京のキー局との関係性だと思います。

そんな中で、読売テレビは『ウェークアップ！』という大阪発の全国ネットの報道番組を一九九一年から（二〇〇五年からは『ウェークアップ！ぷらす』）放送しています。そして「ミヤネ屋」の放送も一〇年を過ぎ、いまでは両番組を合わせて、一週間に一一時間半も大阪から全国に向けて報道情報番組を発信し続けているのです。両番組にはずっと読売テレビの解説委員が出演してきましたが、大阪発の全国ネットの報道番組があったからこそ、解説委員が育ってきたのだと思います。

では、全国ネットの報道情報番組を大阪で作る意味はなんでしょうか。残念ながらヒト、モノ、カネ、情報のすべてが東京に一極集中しています。永田町の政治、霞が関の官界は東京にしかありませんし、経済も大阪では長期低迷が続き、大阪に本社があった大企業も続々と東京に移っていきました。全国の優秀な人たちが東京に集まり日本の将来のことを決めている、とさえ思うことも多いのが現状です。

でも、はたして本当にそれでいいのでしょうか。東京から見える景色だけが、本当の日本の姿なのでしょうか。東京では当たり前と思われていることが、東京を離れれば違うということも多々あります。仕事柄、どこへ行ってもタクシーの運転手に「景気はどうですか？

ご商売はどうですか？」と聞いて、その土地の経済状況を取材しますが、「悪くないですよ」「このところお客さんが増えてきました」という答えが少しでも返ってくるのは東京だけです。大阪にいたっては「アベノミクスのアも感じない」という声も聞かれます。

「東京から見たらそうかもしれんけど、大阪から見たら、見え方がちょっと違うけど」という「違った視点」を、東京からではなく、大阪から、しかも全国に発信することがとても重要だと思うのです。何も大阪のモノの見方が正しい、東京よりも優れていると言うつもりはありません。当たり前と思っているモノの見方に対して、ちょっと立ち止まって、「違う角度から見たらこう見えますよ」という「考える選択肢」を提供することもジャーナリズムの重要な役割だと思っているのです。

東京目線と大阪目線

大阪の人たちは変わり者が多いと、東京の人たちから見られていると私は感じます。東京の人から「大阪らしいねえ～」と言われる時はどんな時でしょうか。全身豹柄などの個性的な服装に代表される自己表現法。ズケズケと言いたいことを言う積極性。常に笑いを取らなければと気にするユーモア性。他人にどう思われようとも我が道を行く独自性。常に前向きで楽天的な能天気さ。

大阪の人は、「東京のライバルは自分たちしかいない。東京の暴走を止められるのは大阪だけだ」と思っていると思いますが、東京の人は残念ながら、それほど大阪を意識していません。「大阪は最も大きな地方都市」ぐらいにしか思っていないのではないかと感じることが多いです。

しかしながら、その大阪の「力を持っている人たちに対して、言わなければならないことを言いたい積極性」は、テレビ報道にとっても大切なものだと思っています。

先日、ある会合で小泉純一郎元首相とご一緒する機会がありました。その際に、「メディアを代表して一言」と求められたので、こういうお話をしました。「二〇〇一年に私がアメリカ赴任から帰ってきた時に小泉政権ができて、多くの人が支持していた時に、私は当時担当していた番組で、本当に小泉政権でいいのかという特集を組みました。小泉政権に問題があると思った訳ではなく郵政民営化をすれば外交問題も解決するなどという話もあり、世の中すべてが小泉さんを支持するという流れに疑問を投げかけたのです」とご本人に向かって言ったところ、笑っていらっしゃいました。

ところが、私が調子に乗って「あの支持率の高かった小泉政権の時こそ、財政再建のために消費税を上げるチャンスだったのに上げなかったのは問題だった」と指摘すると、小泉元首相ご本人から「消費税を上げると歳出削減が緩む」と猛然と反論されました。それは、現職時代の頃のようなスイッチの入った話し方でした。これなどは、〝言いたいこと言い〟の私の性格の表れなのかも知れませんが、小泉政権全盛時に「小泉政権でいいのか」という番組を作った時には、東京の人たちからずいぶん驚かれました。

また、こんなこともありました。拉致問題が大きく注目され、拉致被害者のご両親がテレビ各局の多くの番組に出演して被害を訴えている時に、私は番組で北朝鮮問題を取り上げる際に、拉致被害者のご両親をあえて番組に呼びませんでした。拉致問題はもちろんとても重要で一刻も早く解決すべき問題ですが、それ以外にも核、ミサイルという深刻な問題もありますよということを訴えたかったので、他の番組と同じことをしたくなかったのです。

この「大阪発」について宮根さんは、「東京と大阪の間には距離がある。だから東京の政治家とも距離があり、東京の番組スタッフに比べると人間関係も薄い。でも薄いからこそ突っ込めるし、同じく政治家と距離がある視聴者の共感も得られたのでは」（ミヤネ屋一〇周年の記者会見）と、その強さを分析しています。

大阪からのモノの見方がすべて正しいとはもちろん思っていませんが、すべてが集中する日本の中心である東京のモノの見方とは違った視点を提供することを大切にしたいと思っていますし、いまでも「ミヤネ屋」や「ウェークアップ」ではその視点を大切にしていると思います。

全国から見ると大阪の視聴率は苦戦

そんな熱い想いを抱きつつ（私だけが力んでいるのかも知れませんが）、読売テレビは大阪から全国に向けて報道情報番組を作り続けているのですが、大阪から発信しているからといって、大阪の視聴率が良いという訳ではないのです。それどころか、全国の系列局の中で比較すると、大阪の視聴率は苦戦しています。

ミヤネ屋が放送されている全国の系列局二八局のうち、番組開始以来の平均視聴率では読売テレビのミヤネ屋の視聴率は下から二番目の七・五％（占拠率二四％）。日本テレビは七・七％（占拠率二七％、二〇一七年一月一日までの平均、ビデオリサーチ調べ）です。この時間帯としては大阪地区でも視聴率、占拠率もトップレベルですが、系列局の中で比較すると厳しいのです。

ちなみに、私が以前担当していた頃の「ウェークアップ」でも、同じように全国の系列局の中で、大阪と東京の視聴率が低かった記憶があります。なぜ大阪で作っているにもかかわらず、大阪の視聴率が低いのでしょうか。

よく大阪の局が作っているのだから、東京とは違った大阪テイストで番組作りをしているのではと言われます。では大阪テイストって何でしょうか？　ざっくばらん。親しみやすい。本音。笑い。お金。確かに、大阪（正確に言えば大阪に限らず関西。もちろんスタッフの中には関西以外の出身者も多い）の人がネタを決め、取材し、VTRを編集しているので、大阪の味はあちらこちらに出ていると思います。

特に、一般の人の反応を探る大阪弁での街頭インタビューは、いつも面白いと評判です（街頭インタビューは難しいと言われていますが、大阪では街頭インタビューに出ると、多くの人が積極的に喋ってくれるので、私も含めて大阪の記者は街頭インタビューで苦労した思い出があまりありません）。とは言っても、大阪から発信するからといって、大阪テイストを全面的に出す訳ではありません。あまりに出し過ぎて、大阪以外の視聴者が離れていくのが怖いので、その度合いが難しいのです。

局内でもよく話をするのですが、大阪の視聴率を取りにいくのはそれほど難しくはないと思います。例えば、もっとお金に徹底的に拘って、コテコテの作りにするというのも一案かも知れません。ところが、それをやると、私の経験から言えば大阪以外の視聴率が下がる結果を招くことが多いのです。

全国ネットの番組としては、どうしても東京の数字は気になりますが、東京とは違った

〝大阪目線〟は大切にしながらも、大阪を意識し過ぎた番組作りはしないというのが、全国に受け入れられるためには必要ではないかと私は思います。だから大阪での視聴率は厳しいのです。

権力チェックと視聴率

「なんやかんや言っても、テレビは視聴率がすべてですよね」と、よく言われます。もちろん、民放テレビ局にとって視聴率は重要です。民放テレビがお金を稼ぐ手段であるＣＭ枠をスポンサーに販売する際に、視聴率が重要な指標になるからです。簡単に言えば、視聴率が上がると、ＣＭ枠が高く売れるので、テレビ局の収入が増えるのです。

高視聴率番組のプロデューサーは、テレビ局の中を肩で風切って歩いているが、視聴率が取れないプロデューサーは廊下の端を下を向いて歩くとさえ言われます。実際にそういう光景を目にしたことはありませんが、視聴率を取っている番組の担当者は元気ですし、勢いがあります。

東京や大阪では番組視聴率の結果が翌日には出てきますし、局内の多くの人がそれに注目し一喜一憂しています。高視聴率を取れば、その数字が局内に張り出され、スタッフをさらに勢いづかせます。

番組全体の視聴率だけではなく、分ごとに視聴率の変化を折れ線グラフで示す毎分視聴率表というものもすぐに出てきます。CMのタイミングで他局にチャンネルを替えられないようにするため、番組中にどのタイミングでCMを入れるか、とても気を遣うのです。裏番組がCMを入れるタイミングを常に見計らいながら、どこでCMを入れたら視聴率を取る上で最も効果的かを判断していくのです。

毎分視聴率が示すのは、CMのタイミングだけではありません。番組の中で、どんなネタ（ニュース）を扱っている時に視聴率が上がったのか、下がったのかが一目瞭然になるのです。昔は、ニュース番組では毎分視聴率をそんなに気にしませんでした（私だけかも知れませんが）。しかし、いまではプロデューサーやデスクがニュース番組を作る際に、毎分視聴率は重要なのです。

そうすると弊害も出てきます。ニュース番組では、デスクが項目を作る際に、これはニュースとして伝えるべきかどうか、どれほど重要なニュースかという判断基準で、項目を作っていきます。しかし、毎分視聴率で、そのニュースをやれば視聴率の数値がぐっと上がるとわかれば、それがニュースの選別にも影響してくるのです。こんなニュースを、なぜ毎日延々と放送しているのかと思う場合、毎分視聴率が影響していることもあります。

私が海外特派員だった時ですからいまから二〇年近く前のことです。ある日、ロサンゼルスの支局に出勤すると、東京からFAXが届いていました。そこには前日に私がリポートした際の毎分視聴率の折れ線グラフが書かれてあり、「春川さんのリポート、毎分上がっていました」とメモされていました。「リポートの内容の良し悪しでなく、毎分の上がり下がりで評価するのですか」と、東京に苦言を呈したのは言うまでもありません。二〇年ほど前から、報道現場でも視聴率をいかに気にしていたかがわかります。

その一方で、視聴率に関係なく伝えなければならないニュースももちろんあります。ニュースの重要性と視聴率のせめぎ合いは、報道現場での避けて通れない昔からの課題なのです。

ところで、ジャーナリズムの最も重要な役割は何でしょうか。いま世の中で起きていることを、早く正確に伝える。その起きていることの意味や背景をわかりやすく解説する。世の中でおかしいと思うことを指摘し、改善の道を探る。大切な役割はいろいろとありますが、最も大切なものは、〝権力のチェック〟だと思います。

〝権力〟といってもいろいろあります。警察や検察、首相や大臣、政治家や役所などすぐにイメージできるわかりやすいものだけでなく、大企業の経営陣、裁判官や弁護士、さまざまな組織のトップなど、力を持った人たちが世の中にはたくさんいます。そうした人たちが、その〝力〟を正しく使っているかどうかを一般の人たちが自分たちでチェックするのは事実上難しいので、一般の人たちから委託されて、権力が正しく行使されているかどうかをチェックすることが、我々ジャーナリストの最も重要な役割なのです。

どの仕事もそうでしょうが、「何のためにこの仕事をやっているのか」という原点を忘れずに志を守っていくことはとても重要です。権力チェックと視聴率。両方への目配りが求められます。

第3章　宮根さんって本当はどんな人？

「宮根さんに嫌われているみたいです」

多くの視聴者の方からミヤネ屋についていろいろと聞かれますが、最も多いのは、やはり「宮根さんって本当はどんな人なのですか?」という質問です。番組の中では縦横無尽に大活躍する宮根さんですが、プライベートでの宮根さんはいったいどういう人なのかということにとても興味があるようです。

宮根さんは、一言でいうととてもシャイな人です。かなりの人見知りです。親しくなるまでは、話す時でもなかなか目を見てくれません。こう言うと、たいていの人は驚きますが、一緒に仕事をするようになっても、何でも話せるようになるには少しばかり時間がかかる人だなと感じます。テレビで見る印象とはまったく違いますが、個人的に仲良くなるには時間が必要だと思います。

だいぶ前のことですが、宮根さんと共に仕事をしていた女性アナウンサーから「私、宮根さんに嫌われているみたいです」と言われたことがありました。一緒に仕事をするようになってだいぶ時間が経つのに、いまだに宮根さんの携帯電話の番号も知らないし、一緒にご飯に行ったこともないのだと言うのです。

彼女が心配するのもよくわかります。テレビ業界では（どこの業界でもそうかも知れませんが）、一緒に仕事をしたり、少し仲良くなったりすると、一緒にご飯行きましょうとなることが多い。それなのに宮根さんは誘ってくれない。私はやっぱり好かれていないのかなとなった訳です。

それを聞いて私は、一緒に番組に出ている人でも電話番号を知らない人も多いし、ましてや、私の知る限り宮根さんと二人きりでご飯を食べに行ったことがある人はほとんどいないと思うよと慰めました。そうなのです。宮根さんは、基本的に二人きりでご飯を食べるのが得意でないと思います。

私も、宮根さんと二人で晩ご飯を食べに行こうという約束をしていた時に、約束した日が近づいてくると、宮根さんから「もう一人連れて行ってもいいですか」と聞かれたことが何度かありました。その時、「あー宮根さんは、二人きりでご飯を食べるのが苦手なのだ」と理解しました。いつも周りにいる気心の知れた人たちを連れてくるのです。そのほうが気を遣わずに済むのでしょう。いわゆる、ビジネス会食が苦手なのだと思います。

ミヤネ屋が始まった年の年末に、当時はまだ出演者ではなく番組を担当する管理職だった私は、大切な司会者である宮根さんをご接待するために、京都の祇園へと誘いました。知り合いのお茶屋へお連れして舞妓さんたちとしばし楽しい時間を過ごしたのですが（この時のことがきっかけで、宮根さんはいまだに番組で京都や祇園の話が出てくる度に私に話を振ります)、この時も、当初は二人きりで行くつもりだったのですが、結果的には番組プロデューサーも付いてきました。管理職との食事が苦手な宮根さんが誘ったのでしょう。

こう書くと、近づきにくい、付き合いにくい人なのかなと思うかも知れませんが、まったくそんなことはありません。むしろ逆です。若いスタッフをはじめ、誰とでも気さくに話をするし、スタッフたちを食事に誘って話を聞く姿を見る度に、本当に頭が下がります。これほど番組スタッフを大切にする司会者は、これまで見たことがないくらいです。

お互いのことがわかると、ぐっとその距離は近くなるのですが、そうなるまでには時間がかかるというだけです。今回、この本を書くにあたって、宮根さんと二人きりでゆっくり食事をしながら番組のことなどについて話を聞いたのですが、よく考えてみると、これまでプライベートも含めて何度も一緒に食事をしていますが、まったく二人きりで長時間向き合って、晩ご飯を食べたのは初めてだったかも知れません。

最近は、お互い五〇歳を超えたからか、夜の世界に飲みに出かけることも少なくなりましたが、飲みに行くと、宮根さんは番組でのキャラそのままに、番組で見たままの印象の宮根さんになります。お酒の場を盛り上げることにたいへん気を遣うのです。

また、一緒に街を歩いている時には、多くの人から「宮根さん、いつも観てるよ」と声を掛けられます。そんな時の宮根さんは、嫌な顔ひとつせず誰に対してもとても気さくで、番組での顔と同じです。サービス精神が旺盛なのです。そういう時には、シャイな姿を見せることはありません。

先輩後輩

宮根さんと私は、同じ関西大学の卒業生です。学年は私が二つ上。学部は宮根さんが経済学部で私は社会学部。学年も学部も違うので、大学時代はお互いまったく知りませんでした。ミヤネ屋の司会者と担当部長として初めてご挨拶した時に、「じつは私も関西大学の出身なのです」と話したのを覚えています。それで二人の距離がぐっと近づいたのでは、と私は思っています。番組内でも何かあれば「春川先輩」と年上の私を立ててくれます。先輩後輩を大切にする、そういうカラーの大学なのです。

読売テレビと朝日放送という局は違ってもお互い同じ大阪のテレビ業界で長い間働いてきたのに、ミヤネ屋でご一緒するまでは、まったく接点がありませんでした。報道記者同士は、現場や記者クラブなどで知り合う機会も多いのですが、記者とアナウンサーでは出逢うチャンスはなかなかないのです。

そんな宮根さんと私には、出身大学以外にも共通点があります。それは、大の野球好きだということです。日本のプロ野球ももちろん好きですが、二人でよく話すのはアメリカのメジャーリーグの話題です。メジャーのシーズン中には、メイク室でもスタジオでも顔を合わせば、日本人メジャーリーガーの活躍振りで話が盛り上がります。

大学で野球をやっていた私から見ても、宮根さんの野球に関する知識はたいしたものです。投手や打者の技術的なことまでよく知っています。ミヤネ屋のコメンテーターとして元タイガースの赤星憲広さんや元ファイターズの岩本勉さんが一緒に出演している時には、メイク室やCMの間などに宮根さんも交えて三人で野球のマニアックな話でよく盛り上がりますが、こんな時には「ミヤネ屋に出してもらって本当に良かった」と実感します。

しかし、気を付けなければなりません。番組の中であまりに調子に乗って、大学野球までしかプレーしていない私が、元プロ野球選手と同じように野球の技術的な解説などをすると、「あんた、野球の素人やのに、ようそんなコメントするなあ」という宮根さんの厳しい言葉が飛んできます。

二〇一六年春の宮崎キャンプでは、二人とも長年の夢がついに叶いました。私たちにとっては神様である長嶋茂雄さんとお会いしてお話しする機会に恵まれた上、それぞれツーショットの写真まで撮っていただきました。長嶋さんに握手していただいた時に、私は小声で宮根さんに「写真一緒に撮ってもらいましょ」と言ったのですが、宮根さんはもじもじしていました。番組の中の宮根さんからはまったく想像できないような消極性です。でもふだんの宮根さんはそんな感じなのです。宮根さんはその時のツーショットの写真を額に入れて自宅に飾っているそうです。私も会社の机の上に額に入れて飾り毎日眺めています。長嶋さんが、リハビリの時にミヤネ屋を観てくださっているとお聞きし、二人とも感激しました。そして、宮根さんはもちろん、私のことも知ってくださっていて（長嶋さんは私の顔を見て、自分に似ていると話していたそうです）、天にも昇るような幸せな気持ちになりました。二人にとって至福の時間でした。

腰を痛めて以来、私は長い間ご無沙汰で最近はご一緒する機会はありませんが、宮根さんのゴルフ好きもよく知られています。ミヤネ屋のスタッフで草野球も一緒にやったことがありますが、宮根さんは野球もゴルフもかなりのレベルのプレーヤーです。素質がある上に、とても研究熱心なのです。

野球にゴルフ、そしてギターを弾いてのバンド活動もプロ顔負けです。ミヤネ屋でも取材した肉体改造もそうですが、このように宮根さんは好きなこと、興味のあることをとことん突き詰めていくストイックなところがあるのです。その集中力が番組でも生かされていることは言うまでもありません。

質問が終わったら目線はどこへ

ミヤネ屋の特徴のひとつは、マシンガンのように連射される宮根さんのトークと、コメンテーター陣との掛け合いです。第1章でも書いたように、宮根さんとコメンテーターとの番組開始前の打ち合わせはありませんし、コーナー台本には一応、想定問答もいくらか書かれていますが、ほぼその通りの展開にはなりません。ほとんどがガチンコ、ぶっつけ本番のアドリブでのやり取りです。だからこそ、どんな話になるかわからないという緊張感が視聴者にも伝わってくるのではないでしょうか。

宮根さんはコメンテーターに質問を振る前に、どの人に話を聞くのかその人の顔を見て「次、振りますからね」と目で合図することが多いように感じます。私も、かれこれ一〇年近くも一緒にやっているので、宮根さんとなんとかアイコンタクトができるようになったと、少なくとも私は思っています。

そして質問する際には、多くの場合はまず「春川さん」と呼びかけて、私に質問することをわからせてくれます。最初に名前を呼んでくれるので、呼ばれたほうも心の準備ができるので安心だと思う一方で、どんな質問が飛んでくるのか、名前を呼ばれた瞬間からドキドキします。宮根さんが質問している間は、脳みその中のハードディスクドライブが可能な限りの全速力で回っているという感じです。時間にして五秒ぐらいでしょうか。その短い間で、自分の持っている有りったけの知識や情報、経験を動員して、なんとか最適な答えを導き出そうとしているのです。

答える時には、カメラではなく質問をした宮根さんの顔を見てコメントします。テレビに出始めた時に、生番組によく出演していた知り合いの人たちから、「ふだんは司会者のほうを見てコメントしたらいいけど、ここぞという訴えたい話をする時には、その時だけカメラを見てカメラ目線でコメントしたら説得力が増す」と丁寧にアドバイスされました。実際に、それを実践されているコメンテーターの方がいらっしゃいます。その通りだなと思いつつ、いまだに私はカメラ目線の喋りができません。やはり、テレビ出演には向いていないのかも知れません。

宮根さんの質問を受けて、コメンテーターが宮根さんの顔を見ながら話し出すと、宮根さんはなんと視線を逸らすのです。「エッ？」と最初は私も驚きました。（質問しといて、何それ？）という感じです。宮根さんはその時、どこを見ているのか？　多くの場合、手元にあるコーナー台本や項目表に目を落としています。次の質問や番組の流れを自分なりに確認しているのでしょう。宮根さんは宮根さんで、瞬時に頭の中のハードディスクドライブが高速回転しているのだと思います。

そういう場合、カメラは最初、質問する宮根さんを映し、コメンテーターが答え始めると今度はスイッチングされてコメンテーターを映すカメラに切り替わります。ですから、質問するだけしておいて視線を逸らす宮根さんは画面に映らないのです。

そしてこれが肝心なのですが、コメンテーターが、宮根さんが知らない話や関心を持つような話をすると、宮根さんの顔はフッとコメンテーターのほうを向いて、視線が戻ってくるのです。つまり、宮根さんは次の段取りを考えながらも、コメントの内容を聞いていて、(このコメントは拾える)と思えば、「へぇー」という言葉と共に質問を重ねてくるのです。

コメントがありきたりで面白くなければ、質問が重ねられることはなく、次のコメンテーターへの質問となります。この人は本当に凄いと思う瞬間です。こうして、生放送でどんなコメントをすれば良いかを、初心者だった私に生放送の本番で教えてくれた(いまも教えられ続けている)といつも感じます。もしも、私が曲りなりにも解説委員として生放送でなんとかコメントできているとしたら、それは宮根さんのおかげです。私にとっては、生放送とは何かを教えてくれる厳しい先生なのです。

目がキラリと光った時は、危ない

そうして宮根さんと生放送の中でほとんどアドリブでやり取りしている時に、たまに宮根さんの目がキラリと光る時があります。そんな時が、私にとっては最も危ないのです。「ここは攻めるよ！」とか「ここはいじるよ！」という合図です。

二〇一六年六月にイギリスでＥＵ（ヨーロッパ連合）からの離脱を問う国民投票が行われた日の前日の番組でのことです。大きなパネルを使って、ＥＵ離脱問題を専門家と説明している時に、ＥＵ職員の高額給与が問題だと指摘されているという話になりました。その時に、目がキラリと光りました。だが、私は不覚にも、何を聞かれるかすぐにはわからなかったのです。

宮根さんの質問は、私の想定をはるかに超えていました。「ＥＵ職員の給与も高いけど、春川さん、もっともらってるのんちゃうん？」という問いが私の脳天を突き刺しました。一瞬、頭の中が真っ白になって絶句しました。すぐに「そんなにもらってる訳ないでしょ」と言えば良かったのですが、じつはそうコメントすることが憚《はばか》られる事情があったのです。その日の番組には、たまたま読売テレビの社長がスタジオ見学に来ていたのです。私の頭の中では、（社長の前で、給与がそんなに多くないとは言えない）という思いが瞬時に駆け巡り、すぐには答えられなかったのです。その一瞬のためらいを見逃す宮根さんではありません。あっという間に宮根攻撃の餌食となりました。

また、こんなこともありました。二〇一六年八月に東京都の知事が小池さんになり、築地市場の豊洲移転問題をテレビ各局の番組が連日取り上げました。ミヤネ屋でも、来る日も来る日も小池知事を取り上げました。前述したイギリスのＥＵ離脱問題の時もそうですが、豊洲移転も難しいニュースなので、できるだけ簡単にわかりやすくするためにパネルを使って説明していた時です。こんな真面目なニュースを扱っている時に、普通は笑いを求めませんが、そこは宮根さんです。

豊洲新市場を建設する際に、当初決まっていた盛り土を変更して地下空間を作ったことが問題になりましたが、誰が決裁の判子を押したのかという話になり、宮根さんに「春川さん、民間の会社でも上司が印鑑押すこと多いですよね」と質問されました。

その時、私は「私も管理職をやっていた時に、毎日たくさん判子を押していましたが、信頼する者からの書類は細部まですべてチェックしなくても判子を押していました。でも何か問題があったら上司が責任取るのは当たり前ですよね」というようなコメントをしました。

その時、「私が管理職だった」というコメントをした際に、確かに嫌な予感が走りました。

宮根さんが見逃す訳はありません。目が光ったのです。

「春川さんはどんな問題があって、管理職外れて番組に出るようになったの？」。長年の付き合いで、突然の無茶振りにも慣れているつもりでしたが、さすがにこのタイミングではまったく予想できない質問でした。時間にしては一瞬でしたが、絶句して長い間《ま》があったように感じました。

（真面目な難しいニュースやっているここで、それ聞く？）と思い、この時も、頭の中が真っ白になりました。期待通りに、笑いを取るような（そもそも解説委員に笑いを求めること自体どうかと思いますが、いまさらそんなことを言っても始まりません）コメントで切り返そうという思いはありましたが、期待に応えることはできず、「宮根さんが、是非私に出演して欲しいと言ったからでしょ」とかなんとか切り返すのが精一杯でした。宮根さんはフッと笑いましたが、「その返しはまだまだやなあ」と顔に書いてありました。

この、〝管理職外れて番組に出るようになった〟ネタは、これまでにも何度か番組内でやられていて、私をいじる定番ネタのひとつ（解説委員をいじるのが、そもそもどうなのという話ですが）なのですが、まさかここで来るとは思いませんでした。宮根さん、恐るべし。

近づいてきた時は、もっと危ない

目がキラリと光った時は危ないのですが、宮根さんが司会者の立ち位置を離れてコメンテーター席に近づいてきた時はもっと危ないのです。第2章でも書いたように、ミヤネ屋の番組スタート時に番組セットがデザインされた際には、宮根さんが司会席を離れてコメンテーター席に歩み寄ってやり取りする場合を想定して、お互いの目の高さが合うようにセットの高さが決められたのです。当初から、宮根さんのこの行動は想定されていたのです。

宮根さんは番組セットの下手《しもて》（視聴者から見て画面の左側）に立っていて、上手《かみて》（右側）に座るコメンテーターに寄っていきます。こういう場合は、宮根さんがちょっとじっくり話を聞いてみたい時が多いのです。番組の中盤にある日本テレビ報道フロアから伝えてもらうニュースに対してのコメントの際にも、寄ってくることがあります。変化を付けたいという思いもあるのかも知れません。

そういう場合には、下手（宮根さんに近い席）に座っているコメンテーターから一人ひとり順番に聞いていくことがほとんどです。解説委員である私の座り位置は決まっていて、必ず最も上手です。つまり、宮根さんがコメンテーター席までわざわざ近づいてきて、順にコメ

コメンテーターに寄ってくる宮根氏

写真提供：読売テレビ

ントを求める際には、私は必然的にほとんどの場合、最後にコメントすることになる訳です。この〝最後〟が難しいのです。

一人ひとり違うニュースに関してコメントするなら問題ないのですが、同じような質問を順番に聞かれる際には、後に行けば行くほどハードルは上がります。前に喋った人と同じ内容のコメントはできません。コメントしようとあらかじめ思っていた内容を、先に話されてしまうこともよくあります。また、最後は締めのコメントになるので、さらに難しくなります。

とりわけ締めのコメントで難しいなと思うのは、先述したように訃報です。これも私に求められることが多いのですが、有名人が亡くなったニュースを伝えて最後の質問をされる際には、宮根さんは、亡くなった方の人生や生き様について私にコメントを求めることが多いのです。これは何度やっても難しいです。ある意味、私自身の人生観や価値観を問われる質問でもあるので、毎回どう話せば良いか考えさせられます。

宮根さんが近づいてきた時に、話す順番が最後で難しいと言えば、柔らかいネタでそれぞれが笑いを求められているような場合。これはもうお手上げです。最後にはオチを付けなければならない、最後は爆笑で終わることを求められているとはわかっていても、はっきり言って私には無理です。

オチといえば、こんなこともありました。まだ私がミヤネ屋に出始めた頃のことだったと思います。確か「夫は、妻以外の女性とどの段階までの行動を許されるか」というような質問だったと記憶していますが、コメンテーターが順番に答えていくというコーナーでした。答えには選択肢があり、①二人きりで食事する、②連絡先を交換する、③手を繋ぐ、④キスをする、⑤最後までいく、だったと思います。これを一人ひとり答えていくのです（よくこんな質問を、解説委員にまで答えさせたと思いますが）。

私の記憶によると、若い女性は②の連絡先交換もダメと答えました。コメンテーターの中にはお笑いの人もいたので、私は当然受けを狙って⑤の最後までも許されると答えると思っていましたが、そうはなりませんでした。皆さん、無難な答えでこのコーナーが今一つ盛り上がらないなと感じてしまった私は、解説委員という立場も忘れてオチを付けて笑いを取ることを期待されていると思い、⑤と答えたところ、宮根さんだけでなく、スタジオのみんなから「読売テレビの解説委員がそんなこと言っていいんですか？」とたいそういじられました。これなどは、最後に聞かれる立場を意識し過ぎた過剰反応だったかも知れません。

お金の話などは、宮根さんが最も好きなネタのひとつです。これもだいぶ前の話ですが、給与のネタをやっていた時に、突然宮根さんが私の席の所まで来て、「ほんで、春川さん、なんぼぐらいもらってんの？」と聞いてきました。適当に話を逸らせて逃げようとしましたが、どこまでも追いかけてきます。しまいには、カメラに映らない位置で指で数字を示して「これぐらい？」とまでやられたのです。生放送で、ですよ。宮根さんも元局アナウンサーで、私と年齢もほとんど変わらないので、私の年収はだいたい知っているのに、（ここまでやるんか）と思いました。

このままではこの会話は終わらないと思って追い込まれた私は、「私、この番組の担当部長やってましたから、宮根さんのギャラがいくらか知ってますよ」とコメントしたら、ようやく私へのいじりは終わりました。宮根さんが近づいてきたら、いまでもドキッとします。

項目の頭はテンポよく

コメンテーターに対して、宮根さんが順番に質問していく際に、私は最後になることが多く、締めのコメントは難しいという話をしましたが、項目によっては、まず私にコメントを求めてくるという場合もあります。特に、ミヤネ屋の名物にもなっているパネルを宮根さんがいじる場合には、多くのケースでまず私に軽く振ってきます。

その場合、そのニュースに関する基礎知識をおさらいするという感じで質問が来ることが多いのです。例えば、アメリカ大統領選挙の民主、共和両党の候補者によるテレビ討論というニュースを扱う場合、最初に宮根さんから「春川さん、この討論会は全米で注目されているんですよね？」という質問が来たとします。そこで私は「そうなんです。この討論会は全米で八〇〇〇万人以上がテレビで観ると言われています」とかなんとか、短く受けるというパターンです。項目の冒頭で軽くやり取りして、そのコーナーにテンポを付けるという役割なので、ここで私が長々と解説することは期待されていません。

この「項目の頭はテンポよく」というのも、宮根さんやデスクなどと事前に打ち合わせをしている訳ではありませんし、誰かに教えてもらったことでもありません。強いて言うならば、生放送でのやり取りを通して、宮根さんに学ばせてもらったということでしょうか。

どういうことかと言うと、私がまだ生番組でのニュース解説に慣れていなかった頃なら、冒頭の同じ質問を受けると、「そうなんです。初めてのテレビ討論会となった一九六〇年のケネディとニクソンの時は、テレビ映りの良いケネディがこの討論会をきっかけに勢いを付けて……」などと、ここぞとばかりに長々と解説を始めていたかも知れません。しかしそうなると、そのコーナーのテンポがいきなり冒頭で崩されてしまいます。いわゆる、〝空気が読めない〟コメントです。

こういう場合、宮根さんは「いつまで喋ってんの？　そこは短くテンポよくやろ」ということを言葉ではなく、態度で示します（と、私は感じます）。態度と言っても、露骨に嫌な顔をする訳でも、ましてや首を横に振る訳でもなく、「頼むわ〜、流れ読んでや」という空気を醸し出すのです。私以外のコメンテーターの方が、同じように宮根さんの暗黙のメッセージを感じているかどうかはわかりませんが、少なくとも私はそうやって宮根さんに「項目の頭はテンポ出して」ということの大切さを教えてもらってきたと思っています。

このテンポの速いやり取りも、ミヤネ屋の特徴のひとつでしょう。ミヤネ屋のコメンテーターの方々は、他のテレビ局の番組にも出演されている方が多いのですが、多くの方がミヤネ屋でのやり取りのスピード感に驚かれています。宮根さんの、視聴者が聞きたいと思うような的を射た質問が矢のように飛んできて、それに対して的確に、しかも簡潔にコメントしていくことで、ミヤネ屋特有のテンポができあがっていくのです。

その一方で、テンポを気にせずに、少し長めにコメントしてもいいという場合もあります。ひとつは、そのコメンテーターの専門分野について質問された場合です。外交評論家なら国際問題について、経済の専門家なら日本経済の先行きについて、宮根さんもじっくり聞きたいでしょうし、視聴者もそれを望んでいるでしょう。番組の最初から最後までテンポよくということではなくて、その状況に応じてメリハリを付けるということも重要です。

もうひとつは、そのニュースについて詳しいだけでなく、思い入れがある場合などです。例えば沖縄の基地問題について伝えている際に、コメンテーターの中に沖縄出身の方がいるなら、その人にじっくり話を聞くでしょう。私の場合、ロサンゼルス特派員を経験しているので、アメリカのニュースを伝える際には、多くの場合、私にも質問してくれます。宮根さんは、そういう気配りをとても大切にする人です。一緒にスタジオにいて、このケースではこういう背景があるからこのコメンテーターに聞くのだろうなと思うと、ほとんどのケースでその人に聞きます。それは、質問されるコメンテーターの立場からすると、安心感にも繋がるのです。

割って入る難しさ

解説委員として「出しゃばらない」を大切にしている私は、宮根さんから質問されていないのに、私から割り込んでコメントすることはほとんどありません。もっと積極的にコメントして目立ってもいいのではと言う人もいますが、局の人間としては、一緒に出ていただいているコメンテーターの方々に思う存分話していただきたいという思いがあるのです。出演者というよりも、番組制作側という意識がいつまでもあるのかも知れません。

そんな私でも、ここぞという時には割って入ってでもコメントする時があります。最も積極的になるのは、（そんなことがあってはいけないのですが）出演者の話した事実関係に明らかに間違いがある時です。ただし、これにはとても難しい判断が求められます。間違いを正そうとした私のコメントが間違っているということは許されないからです。百パーセント間違っているという確信がない限り、割って入ることはできません。

次にバランスを取る時です。この〝バランス〟は、解説委員として最も大切にしている役割です。簡単に言えば、世の中で意見が分かれているような事柄について、スタジオのコメンテーターの意見がどちらかに傾き過ぎた場合に、私は反対側の立場からの見方を紹介することで、バランスを取るということです。

そして、これだけは言っておかなければならないという思いがある時です。例えば、こんなことがありました。東京都の豊洲新市場移転問題で、猪瀬直樹元東京都知事がミヤネ屋に出演した時に私はとても違和感を持っていました。元知事だけに、東京都の内情をよくわかっているので出演して語ってもらいたいという番組側の意図はわからないでもないのですが、五〇〇〇万円の公職選挙法違反（虚偽記入）の罪で有罪となった問題で知事を辞職した猪瀬氏が出演しているのに、そのことを聞かない訳にはいかないと判断して、猪瀬氏にそのことを質《ただ》したのです。予想通り、猪瀬氏はそのことについて長い時間をかけて反論し、「割って入って豊洲問題とは関係ないことを聞いた」として、私に対してネット上では批判の声が上がりました。しかし、私には聞かないという選択肢はありませんでした。

そういうことがあって、再び猪瀬氏がミヤネ屋に出演する機会がありました。ちなみに、一度目も二度目も読売テレビ東京支社からの中継での出演だったため、猪瀬氏と直接お会いすることはなかったのですが、一度目の出演の翌日に、猪瀬氏が別の番組に出演するために読売テレビの本社に来られました。その際に、ミヤネ屋の放送開始直前だったので時間はあまりなかったのですが、私は猪瀬氏の楽屋にご挨拶に伺いました。周りは「一触即発か？」と盛り上がっていましたが、私は喧嘩している訳でもなく、ましてや憎んでいる訳でもないので、番組に出演していただいたお礼を述べてご挨拶しました。

そして二度目の東京支社からの出演の時に、猪瀬氏の出番がほぼ終わった時になって、宮根さんが突然、それまでの流れとは関係なく「春川さん、猪瀬さんに何か言いたいことはありませんか？」と聞いてきたのです。その時、宮根さんは心なしかクスッと笑っているように見えました。いつものように、まったく予想していなかった質問に驚きましたが、なんとか猪瀬氏に質問しCMに入ったところで、宮根さんがポツリとこう言いました。「何か、ヒリヒリするような二人のやり取りを聞きたかったんです」。おいおい。

大阪弁とのバイリンガル

宮根さんは島根県の出身ですが、大阪生まれ大阪育ちの私が聞いても綺麗な大阪弁を話します。アナウンサー出身ですから、もちろん標準語も話しますが、番組では全国ネットにもかかわらず大阪弁を多用します。ミヤネ屋が関西ローカルから全国ネットになった時、あの大阪弁と大阪特有のベタベタな乗りは大阪以外では受けないのではないかと言われました。特に、東京では厳しいだろうと言われていました。しかし、結果は皆さんご存知の通りです。

大阪弁や大阪のベタベタな乗りはミヤネ屋の個性のひとつではありますが、番組の売りではないと思います。番組のチーフ・プロデューサーは、「変に大阪を意識して自分を見失わないようにしている」と話してくれました。「ほとんどの人は大阪（のスタジオ）から放送しているとは知らないので、自然体で、大阪からということを意識させない」番組作りをやっています。もっとも「東京ではなく大阪にいるので、東京からではわからない大阪から見た違う見方を大切にしている」とも言っています。私もまったく同感です。大阪ならでは、という作り方には拘らないが、大阪からの〝視点〟は大切にするというバランス感覚が重要なのです。

それは言い換えれば、必要に応じて〝大阪〟を利用するということだと理解しています。それは言葉についても同じです。宮根さんだけでなく、私も大阪弁と標準語を無意識のうちに使い分けています。東京では「春川さんって、大阪の人なんですか？　言葉があんまり大阪弁じゃないから」とよく言われますが、大阪の人からは「大阪弁が乱れてるなあ。変な大阪弁」と言われることもあります。海外特派員をやっていた時には、取材したテープを国際衛星を使って東京に伝送する際に、受けを担当してくれたスタッフから「春川さんの英語って、大阪イントネーションですね」と指摘され驚いたこともありました。自分では大阪弁と標準語を正しく使い分けていると思っているのですが……。

ただ、番組の中で意識して大阪弁を使う時もあります。私は性格上、自分の思っていることを遠慮なく言ってしまうという悪い癖がある上に、違うことを違うと言えることを大切にしているため、自分とは違う意見だなと思うと、黙っていられないことがあるのです。そういう場合は、「それって、違うんじゃないですか？」と言うときつく聞こえてしまうと思うので、「それって、ちょっと違うんちゃいますか？」とあえて大阪弁で言うことがあります。そうすることで、言うほうとしては、表現をやわらげているつもりなのです。

大阪弁と言えば、関西以外の人からは怖い言葉と思われていた時代もありましたが、漫才ブームなどにより大阪の笑いが全国に知られるようになったことで、大阪弁は笑いを含んだ柔らかい言葉というイメージもかなり広がっているのではないでしょうか。番組作りでも言葉でも、〝大阪〟は抜けきれません。

「京都と宝塚のことは春川さん」

以前に比べると少なくなりましたが、いまでもミヤネ屋の放送中に宮根さんに〝いじられる〟ことがよくあります。番組に出始めた頃には、女性司会者から番組終了後に「春川さん、今日もいじめられましたね」と冗談でよく言われましたが、「いじる」と「いじめる」

ではまったく意味が違って、宮根さんの「いじる」は愛情表現だと私は勝手に思っています。そして、私にとって「いじり」は修業でもあるのです。

私への「いじり」の定番（そもそも、そういうものが存在するのかどうかわかりませんが）は、前にも書きましたが、「給与ネタ」と「管理職外されネタ」と「京都ネタ」に加えて「宝塚ネタ」です。

「給与ネタ」は、生放送の本番中に答えられる訳がないのを重々承知で、私の給与の金額を聞くというもの。「管理職外されネタ」は、ミヤネ屋の放送が始まった時に番組を担当する報道部長だった私が、なぜ出演者になってしまったのかと問い詰めるネタです。「京都ネタ」は、これまで接待で一度、プライベートで一度、京都の祇園にお連れしたことから、私があたかも祇園で夜な夜な遊んでいるように視聴者に思いこませようという困ったものです。

そして「宝塚ネタ」。これは別に困ったものではありませんが、私が宝塚歌劇の大ファンであるということを知っている宮根さんは、番組で宝塚の話題を扱う際には、決まって「宝塚と言えば春川さんですが」と言って話を振ります。ちなみに、藤村リポーターは劇団四季の大ファンで、同じミュージカルを何度も何度も観る熱心さです。

ミヤネ屋の放送中に私の名前が表示される際には「読売テレビ報道局解説委員長」という

肩書が画面に出ていますが、以前は長いプロフィールが表示されていて、そこには「野球と宝塚歌劇を愛する1女2男の父」と表示されていました。夕方のローカルニュース「ｔｅｎ」でも同じプロフィールが出ていたので、いまでも多くの視聴者の方から「宝塚歌劇がお好きなんですね」と声を掛けていただきます。

両親が宝塚歌劇の大ファンだった影響で三歳の頃から宝塚大劇場に通っているので、私のファン歴は半世紀を超えています。中学や高校の時には、丸坊主で男一人で劇場に通っていたほどの筋金入りです。テレビに出るようになってからは宝塚大劇場で「本当に観に来てはるんですね」と声を掛けていただくようにもなりました。先日は、久しぶりに立ち見で観劇してきたほどのファンです。

以前にミヤネ屋に宝塚歌劇のトップスター三人が同時に出演するという日があり、幸運にも私も一緒に出させていただきました。その放送の中で、宮根さんから「このトップスター三人が一緒に出演するというのは、どれだけ凄いことなのですか？」と質問され、「野球で言えば、野茂英雄とイチローと松井秀喜が同時に出演するようなものです」とコメントしたら、「へぇー、凄い」と納得されました。他にも宝塚雪組のスターの皆さんが出演し歌を披露したり、宝塚ＯＧの方がコメンテーターとして出演しご一緒したりしましたが、最近は残念ながらご無沙汰です。

宮根さんのおかげで、私は「京都によく遊びに行って、宝塚歌劇が大好きで、そこそこの給与をもらい、何かしでかして管理職を外されテレビに出ている大阪のおっちゃん」というキャラができあがっているようです。虚実が混ざっていますが、テレビ番組ではキャラも大事なようです。

飲みに行った次の日は要注意

仕事柄、いまでもお酒を飲む機会が多いですが、さすがに五〇歳を超えてからは飲む量も減り、遅くまで飲むこともほとんどなくなりました。お酒を飲みに行くのは好きなのですが、一人酒はしませんし、家でも飲まないので、アルコールが好きという訳ではなく、お酒を飲む雰囲気が好きなのだと思います。

宮根さんとも以前はよく一緒に飲みに行きました。仕事で飲みに行くこともありますが、プライベートでご一緒することもありました。宮根さんと飲むととても楽しいのです。お酒もよく飲むし、歌も大好きでお上手です。近藤真彦や郷ひろみの歌は、必ず踊りながら聞かせてくれます。こちらがもっと宮根さんに楽しんでいただけるように盛り上げなければいけないのに、持ち前の気遣いで先頭に立ってマイクを握ってくれます。

宮根さんと飲むと楽しいのでお酒が進み、ついつい酔っぱらってしまいます。酔っぱらうと私の悪い癖で、いろいろなことをいつも以上に本音で話してしまいます。宮根さんも酔っぱらっているので、安心しているのかも知れません。ところが、それが危ないのです。宮根さんは酔っぱらっても、人の話をよく聞いて覚えているのです。

宮根さんと飲みに行った後の番組出演は要注意なのです。酔っぱらってお酒の席で言ったことを、翌日の生放送で暴露されるとさすがに固まってしまいます。例えば……、書ける訳ないじゃないですか。ここに書けないような内容でも、宮根さんにかかれば面白い話になってしまいます。ある日の生放送でいきなり、「昨日、春川さんと飲みに行ったら酔っぱらっていきなり携帯電話渡されて、誰やと思って電話に出た人と話したら春川さんの奥さんでした」と言われましたが、すべて事実なので何も反論できませんでした。私が宮根さんと以前ほど飲みに行かなくなったのは、そういうことを警戒しているからかも知れません。

番組の打ち上げなどで大勢で飲みに行った時の、宮根さんの若いスタッフたちへの気遣い、心配りはたいしたものです。大看板の司会者が若手スタッフと向き合ってくれているというお互いの信頼感が、番組を強くしていると思います。コメンテーターの方々との飲み会にも何度も出席していますが、話の輪の中心にいながらも、いつも周囲に気を遣っているのはスタジオと同じです。周りがよく見えているのだなあと感心します。

番組スタート時に宮根さんと苦労を共にした総監督（後の総合演出）は、「宮根さんはどんな人だと思うか？」という私の質問に対して、「お酒もよくご一緒させてもらったが……いまだに謎です。とにかくポジティブな人だとは思います。間違いなく言えるのは、テレビというものの圧倒的なプロだということです」と答えてくれました。私もまったく同感です。

メイク室での会話

午後一時半頃。番組開始まであと三〇分というタイミングで、私はメイク室に向かいます。もう少し早くに行ったほうがメイクさんにも迷惑を掛けないし、私自身にも余裕ができるとも思うのですが、このタイミングが習慣になってしまっています。

テレビ番組に出る際には、男性出演者も顔にドーランを塗って、髪をセットしてもらいます。ちなみに、報道記者として事件や事故の現場から生中継でリポートする場合はメイクしませんが、アメリカのリポーターの多くは現場でも自分専用の手持ちのメイク道具を持ち歩いていて、中継リポートが始まる前に自分で手元の鏡を覗きこんでメイクしています。

そのメイク室に行く時間帯が、宮根さんと毎回ほぼ同じなので、横並びでメイクしてもらいながら話すことになります。メイク室で最もよく出る話題は、野球です。メジャーリーグや日本のプロ野球について、注目の選手たちのプレーや最近の成績などについて話が弾みます。

年相応に健康に関する話題も増えてきました。どこの病院がいいとか、どんな治療法があるとか、情報を交換します。また同年代の友人が病気になったとか、亡くなったとか、介護の話とか、五〇歳を超えた者同士ならではの会話も多くなっています。

たいていは仕事に関係ない話をリラックスしながらしていますが、たまにはその日の番組で扱うニュースについての話もメイクをしながらすることもあります。その時のちょっとした会話が、スタジオのトークに繋がることもよくあります。

例えば、そのニュースに関わる人物に会ったという話をすれば、スタジオで「春川さん、実際にこの人に会ったことがあるそうですね？」と聞いてきますし、そのニュースの背景にはこういう事情があるという話をメイク室でした時には、番組で「このニュースの背景にはどういう事情があるのですか？」と質問されることもあります。いつもいつもという訳ではありませんが、結果的には、メイク室の会話が本番前のリハーサルになっていることもあるのです。

番組に出始めた頃は、メイク室でのちょっとした会話が番組に反映されるとは思いもしませんでしたが、実際にそうなってから思うと、メイク室で私が話した内容に対する宮根さんのリアクションが「へぇー」などと良い時には、スタジオでその話を振ってくることが多いとわかってきました。これも、いままでも何度も紹介していますが、宮根さんの私に対する無言のレッスンなのだと勝手に思っています。

宮根さんが凄いのは、メイク室で交わされる、放送を前提としないような何げない内容の会話の中から、放送で質問しても差し障りのないネタを選んで生放送で聞いてくることです。メイク室での会話を何でもかんでもスタジオで質問されると、メイク室で安心して喋れなくなりますが、そこの信頼関係は絶対に守ってくれます。前項で書いたような、お酒を飲んだ時の話が次の日の番組で出てくるということとはまったく違うのです。

突然の予期しない質問で、生放送中に絶句させられることはしばしばですが、常にTPO（時間、場所、状況）を考えて、その場に相応しい（たまには、わざと暴走しますが）質問を投げかけてくれるので、本当に勉強させられてばかりです。

CM中のスタジオでの会話

メイク室での会話も興味深いものですが、もっと面白いのは生放送でのCM中の出演者同士の会話です。視聴者の方からも、よく「CM中はどんなこと喋ってるんですか？」と聞かれます。「放送中よりＣＭ中のほうが面白いですよ」と返すことが多いですが、まったくその通りです。

前項で、メイク室の会話からスタジオでの質問に繋がることがあるという話を紹介しましたが、ＣＭ中の話からも同じことが起きます。例えば、有名人の結婚のニュースや訃報を伝えている時のＣＭ中に、コメンテーターとして出演している芸能界の方が「私、この前、この方と共演した時にこんなことがありました」という話を宮根さんにされると、ＣＭが明けて宮根さんがそのコメンテーターに「先日、この方と共演されたそうですね？」と話を振ることがよくあります。これなども、とても自然な会話です。そうして宮根さんはネタを拾って、その人とのやり取りに繋げていくのです。

それだけでなく、ＣＭ中のちょっとした雑談などから会話のきっかけを摑むことが多いのも宮根さんの凄さだと思います。宮根さんを最初に読売テレビに引っ張ってきたエグゼクティブ・プロデューサーは、宮根さんについて「その人の良さを引き出すのがうまいし、人を巻き込んで化学反応を起こしていく」と高く評価していましたが、まさにその通りで、その人に自然に話を振るためのネタを常に探していて、それをうまく転がして、他の人にも繋いでいくのです。

ＣＭ中といえば、こんな経験もしました。ＣＭ中にある女性コメンテーターが、私に、Ｃ

M明けに扱うある事件について聞いてきました。この事件についてほとんど知らないので、どういう事件か教えて欲しいということでした。そこで私は、その事件の概要や注目されているポイント、そしてその事件の背景について手短ながらも丁寧にご説明しました。そしてCMが明けて宮根さんがそのコメンテーターに事件についてコメントを求めました。そのコメンテーターは、私が説明した通りにコメントしたのですが、ご丁寧に注目ポイントも背景までも私が教えたことをすべて話したのです。そして、その後、嫌な予感は当たりました。

宮根さんから「で、春川さんはこの事件をどう見ますか?」と質問されたのです。(教えたことを皆まで言わないでよ。普通、少しは残すやろ)と思いながら、なんとか切り抜けました。私が苦労してコメントしたのは彼女も気づいていたと思いますが、その後でCMに入った際にも私に対して一言もありませんでした。テレビの世界って怖いなあと正直思ったのをいまでもよく覚えています。

その他にもCM中には、決してテレビでは言えないようなニュースの裏側や、人物評価、芸能界の噂話などが飛び交っていますが、さすがに書くことはできません。どんな話が交わされているか、想像して楽しんでください。

第４章　「ミヤネ屋」は宮根さんのもの？

「段取りは僕が決める」

ミヤネ屋では、宮根さんの横に立つ女性アナウンサーが夏休みを取る際に、系列各局から人気女性アナウンサーがピンチヒッターとして番組に出演してくれるという名物企画があります。二〇一六年も系列局の女性アナウンサーが司会者として出演してくれましたが、その中の一人が番組の最後に出演した感想を宮根さんから聞かれた際、「生放送中に、こんなに項目が変更になるとは思いませんでした」という感想を述べました。それに対して宮根さんは「うちは段取りは僕が決めたらいいんですから。段取りを無視してもいいっていう番組なので、自由にやっていきたいと思います」と答えました。

その日は私の出演日ではなく、後で録画でこのシーンを観たのですが、このやり取りを聞いて、ミヤネ屋という番組の本質を突いているなと強く思いました。第1章でも書いたように、生放送中に項目が突如変更になったり、予定していた項目が飛んでしまったりすることはミヤネ屋では日常茶飯事です。その柔軟性こそが番組の強みでもあります。このミヤネ屋では当たり前になっている生放送中の項目変更ですが、テレビ業界でもここまでやるのは極めて珍しいと思います。地元局で百戦錬磨の経験を積んでいる女性アナウンサーでも驚くのは当然でしょう。

　ただ、司会の宮根さんがここまで自分の判断で生放送中に項目を変えることについては、番組編集や放送の最終責任を負っているテレビ局としてはどうなのだろうかという思いがあるのも正直なところです。私が「ウェークアップ」という同じ大阪発の全国ネットの報道番組のチーフ・プロデューサーとして、番組制作の総指揮をしていた経験からも、そのことが前から気になっていました。

　そこで、それについてミヤネ屋のチーフ・プロデューサーと宮根さん本人に直接聞いてみました。

　チーフ・プロデューサーは、「突発のニュースが入ってきても柔軟な放送ができている。（その結果として）スタジオ（部分）が延びていくのは面白いから」と、あらゆる事態を想定した柔軟な番組作りを大切にしていると話してくれました。さらに、ある項目が延びることによって当然、他の項目が飛んで放送されなくなり、徹夜で編集したその項目のＶＴＲも放送できなくなることについては「（ＶＴＲを徹夜で編集した）ディレクターには申し訳ないと思っている。担当ディレクターも悔しいだろうが、その不満が出ないような組織作りが自分の仕事」と語り、現場スタッフとの信頼関係の大切さを強調しました。さらに宮根さんとの信頼関係についても「あんまりベタベタしないが、番組が終わった後でコミュニケーションを取っている」ということでした。

次に宮根さん。生放送が始まってから、自らの判断だけで項目を長くしたり短くしたり、時には飛ばしたりという判断をしていると思われていますが、じつは事前にスタッフと打ち合わせもしているといいます。「放送前に、FM（フロア・マネージャー。サブにいて番組進行を指揮するOAディレクターの指示を放送中に司会者に伝えると共に、司会者の意向をOAディレクターに打ち返す役割）とOAディレクターが楽屋に来て、『盛り上がったら、この項目は飛ばす感じですよね』とか『このVTRだけは（三時台の第二部回しではなく）二時台に絶対に入れてください』などと、今日はどうしますかという話をしている」ことを明らかにしてくれました。これは私も知りませんでした。

さらに結果的にVTRを飛ばすことについては「ミヤネ屋は月～金でやっていて次の日に放送できるかも知れないし、スタッフと向き合っているから飛ばせる」とスタッフとの信頼関係を強調しました。また項目が予定より延びることについては「スタジオを温める時間もいるし、中途半端には終われない」と話してくれました。

出演者が飛んでいく

〝事態に応じた柔軟性〟というミヤネ屋の強みを日々存分に発揮する結果、飛んでいくのは前日から準備した項目やVTRだけではありません。なんと、出演者までもが飛んでいくことがあるのです。

ミヤネ屋には数多くの人が出演しています。司会は宮根さんと女性アナウンサー。コメンテーターは通常は三人から四人。大型パネルを前にニュースコーナーの進行を担当するプレゼンター（読売テレビのアナウンサーやリポーターなど）。芸能コーナーを担当する芸能リポーターとスポーツ新聞の担当者。特定のコーナーだけに出演する弁護士、医師をはじめとする専門家。ミヤネ屋が誇るレギュラーのリポーター陣。日本テレビ報道フロアからニュースを伝える日本テレビのキャスター。系列各局のアナウンサーや記者。お天気コーナーを担当する気象予報士。ニュースの当事者である政治家。番組宣伝も兼ねてゲスト出演する芸能人。などなど。

多くの人が大阪のスタジオのみならず、読売テレビ東京支社にあるスタジオ、日本テレビの報道局フロア、全国や海外のニュース現場、それに簡易中継システムによる、いまその人がいる役所や事務所など、どこからでも出演してくれます。地震などの緊急時には、専門家や被害の現場に住む人たちが電話で出演してくださることもあります。

こうしてみると、出演者だけでもいかに多くの人がミヤネ屋に関わっているかがわかります。メインのスタジオは大阪なので、わざわざ大阪まで来ていただくことも多いのです。

ところが、ニュース情報番組なので番組中に何が起きるかわかりません。二〇一六年一〇月には番組開始早々に鳥取県中部を震源とする最大震度6弱の地震が起き、放送中だったVTRを飛び降りて、番組全編が地震報道に切り替わりました。その影響でその日に放送を予定していた項目はすべて飛び、出演を予定していた専門家などの出演者もすべてキャンセルとなりました。

こうした自然災害のみならず、放送中に大きな事件や事故などが起きた際にも、放送内容が大幅に変更になり、項目のみならず出演者も飛んでいくのです。生放送のニュース情報番組の宿命なので仕方がないと言えば仕方がないのですが、ミヤネ屋の出演のためにわざわざ大阪まで来ていただいているのに出演コーナーがなくなってしまうことは申し訳ないと思います。

突発の事件、事故で出演がなくなるのはある意味、仕方がないかも知れませんが、私が心を痛めたのは、自分の発言の影響である方の出演が飛んでしまったことです。あるニュースを伝えていた時のことです。「出しゃばらない」を大切にしている私は、ふだんはあまり割って入って発言することはしませんし、言いたいことがあっても、残り時間が少ない時にはぐっと我慢します。しかし、その時にはフロマネが出す「時間ありません」というカンペをあえて無視して、言うべきと思ったことをコメントしたのです。そのことについては後悔していませんが、私の発言によってその項目の尺が延び、その影響で、その後に予定されていた芸能コーナーが飛んでしまったのです。

その日は、芸能ニュースを扱うのはそのコーナーだけだったので、わざわざ東京からミヤネ屋のために大阪に来ておられた芸能リポーターの出演場面がなくなってしまいました。放送が終わった後で、私はすぐにその芸能リポーターの方に謝りに行きました。「私がコーナー終わりで発言したばかりに時間がなくなって、コーナーがなくなり本当に申し訳ありませんでした」と謝罪したところ、逆に驚かれました。「よくあることですから気にしないでください。コーナーが飛んで謝っていただいたのは春川さんが初めてです」と気遣ってくださいました。私が気づいていないところでも、日々、項目だけでなく出演者の方々も飛んでいるのです。

中継リポーター泣かせの質問攻め

生放送の魅力を大きく支えているのが現場からの生中継です。私が記者として事件や事故の現場から生中継していた頃は、生中継するためには中継車が必要だったので、中継といえば機材も人もかなりの準備が必要でした。海外特派員をやっていた時には、大きなニュースが入ってきたら、取材する前にまずは中継車や、生中継や素材などの映像を日本まで送るための衛星中継回線をいかに早く押さえるかが勝負の分かれ目でした。

ところが、携帯電話の回線を使った簡易中継システムが広く普及したため、まだ電波の安定性や画像の鮮明さに課題は残るものの、どこからでも簡単に少人数で生中継することが可能になりました。二〇一六年一一月のアメリカ大統領選挙の時に、ニューヨーク特派員の後輩と中継機材の話をしていたところ、彼は赴任以来いつも簡易中継システムで生中継をやっており、中継車を使っての生中継を経験したことがないと聞かされたいへん驚きました。

ということで、ミヤネ屋でも簡易中継システムを駆使して、機動的な中継班がいつでもどこへでも飛び出していって番組に生情報を送ってきます。また系列局も突発の事件や事故に迅速に対応して、ミヤネ屋に向けて生中継を入れてくれます。

その生中継で、現場からリポートするアナウンサーやリポーター、記者の皆さんの前に立ちはだかるのが、〝宮根の壁〟（私が勝手に命名しました）です。第1章の「『掛け合いNG』こそNG」のところでも書きましたが、ミヤネ屋では、宮根さんと現場リポーターとの丁々発止の生の掛け合いも番組の魅力のひとつなのです。

系列局にとっては、ふだんはあまり機会のない全国ネット番組での生中継は大きな活躍の場です。担当するリポーターも、生中継を制作するディレクターやカメラマンなど制作・技術スタッフも気合が入ります。特に、桜やお祭りなど、事件・事故以外のいわゆる〝柔ネタ〟の中継では、事前にしっかりとリハーサルをしてカメラワークを決めるなど入念な準備をして本番を迎えます。

そしてやっと本番スタート。リポーターは事前の打ち合わせ通りに、中継場所の説明から入り（カメラは広い映像からリポーターにズームインして）、その桜や祭りの特徴などを紹介しながら（画像は桜や祭りの神輿のアップ）、リポーターが歩き出すという段取り通りの展開となっていきます。と、その時です、〝宮根の壁〟が行く手を阻みます。リポーターが予定通りに話しているのを遮って、宮根さんがいきなり「それで、人出はどうなんですか？　賑わってる？」とかなんとか突然聞いてくる訳です。

これには、経験の浅いリポーターは絶句しますし、経験豊富なベテランでも一瞬、ドキッとすると思います。私もスタジオで生中継の様子を見ていて、「段取りくさいなあ」（失礼）と思った時は、たいがい宮根さんがすかさず割り込んでいきます。

これは何も段取りを重視する〝柔ネタ〟の場合に限ったことではありません。突発の事件や事故が起きて、現場に到着したばかりで、まだ現場の様子や事件、事故の状況が飲み込めていない記者やリポーターに対しても、宮根さんは遠慮なく、リポートしている最中でも質問を投げかけます。

これに対して、視聴者センターなどには「リポーターが話している最中に、それを遮って質問する宮根さんのやり方はいかがなものか」という意見も寄せられますし、私も実際に何人かの方から、同じような苦言を聞かされたことがあります。

これに対し、宮根さんは「取材感を出して欲しい。ただ原稿読んで、VTR流してじゃなく、あなたが取材してどう思ったのか、感じたことを聞きたい。無茶苦茶になってもいいし、噛んでもいいけど、熱みたいなものが大切」だと、生中継に求めるものを語ってくれました。また、取材現場に着いたばかりの記者のリポートについても「『〇時間前に着いたので状況がわからないですが、周りの人に聞いたらこうなんで』というのも面白い」とライブ感を大切にしているとの考えを聞かせてくれました。

現在のチーフ・プロデューサーも「（生中継で）元々、疑問に思っていることを聞きたい。

一方的にリポートされるとライブ感がない。何か謎があって、その謎解きをするのが大事だし面白い。リアルタイムで謎解きするので、スタジオもライブ感が出る」と生中継の重要性を語ってくれました。

「春川さん、どこにいてるの？」

この生中継のリポーターに対する突っ込みについては、私も経験したことがあります。大統領選挙の取材でアメリカに行き、ニューヨークから生中継した時のことです。二〇一六年も含めてこれまで四度にわたってアメリカ大統領選挙を取材し現地から中継していますが、〝宮根の壁〟が最初に立ちはだかったのは二〇〇八年一一月のことでした。

当時は解説委員になってまだ一年ちょっとです。まだまだ初心者だった私は、生中継の担当をしてくれた記者と、宮根さんとの掛け合いで何を話すかについて、日本で事前に入念に打ち合わせをしました。いまなら、いくら打ち合わせをしてもその通りには行かないということを知っていますが、その当時はまだ私もウブでした。

そして迎えた生中継本番。場所はニューヨークの五番街に面したNNNニューヨーク支局。二〇〇一年までロサンゼルス特派員だった私としては、久しぶりの海外からの生中継、しかも勝手知ったるアメリカからの中継ということで、気合が入っていました。

その生中継での宮根さんからの最初の質問は、なんと「春川さん、いまどこにいてるの？」でした。私の頭の中に？？？が飛びました。「ニューヨークですよ」と答えると、「嘘ばっかり、一時間前まで読売テレビにおったやん」と返ってきました。生中継で喋っている最中の割り込みどころか、リポートを始める前の段階での〝宮根の壁〟でした。さらに、生中継を続けていると、「ところで、春川さん、英語話せるの？」と来ました。段取りも何もあったものではありません。こうやって、堅苦しくなりがちな大統領選挙というネタを、面白く興味深いネタにしていくのだなと勉強させられました。もっとも突然の攻撃を受ける側は、たまったものではありません。

アメリカ大統領選挙といえば、二〇一二年のニューヨークからの中継では、こんなこともありました。このときの中継場所はマンハッタンの中心部にあってクリスマスに大きなツリーが飾られることでも有名なロックフェラー・センターに設けられたアメリカのテレビ局NBCの特設スタジオからでした。

オバマ大統領の勝因などについてリポートしていたところ、突然、閃《ひらめ》きました。じつは中継をしている私のすぐ横に立って、昔からよく知っているニューヨーク支局長が見学していたのですが、これまでの大統領選挙の経緯をよく知っている彼に中継で話を聞くのもありだなと思い、宮根さんとの掛け合いの中で、「いま、すぐ隣に選挙をずっと取材してきたニューヨーク支局長がいますから、聞いてみましょうか」と私から話を振りました。打ち合わせもなく突然話を振られた支局長はたいへん驚いていましたが、そこはさすがです。私の期待通りに解説してくれました。その時も宮根さんは支局長に「ところで、春川さんの英語の実力はどんな感じですか？」と聞きました（しつこいなあ）。

この支局長に話を振った理由は、もちろん急に話を振っても対応できるだけの実力があり、以前からよく知っているという人間関係があり、無茶振りしても大丈夫という信頼関係があったからです。そして、もうひとつ、アメリカの各支局の他の特派員はみな中継でテレビに出ていたのですが、彼だけは責任者としての仕事があり、特派員として晴れの舞台でもある海外生中継に出る機会がないのを知っていたので、お世話になった彼にも是非、生中継に出て欲しいという意味合いもあったのです。そして、そんな無茶振りをしても宮根さんもミヤネ屋のスタッフもいつも通りに対応できるという安心感、面白がってくれるという信頼感があったのも事実です。

二〇一六年の大統領選挙の中継でも、「はじめに」で書いた通り、ほぼ全編ぶっつけ本番のアドリブで、臨機応変にその場の雰囲気を伝え続けました。それを支えてくれたのは、一緒にアメリカ取材に行った若いカメラマンや、長年の相棒であったベテランのコーディネーター、そして日本の本社で私の取材を面白いVTRに編集してくれた若いスタッフたちです。

まさかのトランプ勝利を受けて、帰国予定を急遽延期した私たちは、翌日のニューヨークからの生中継では、当初は多くの観光客らが集まるマンハッタンのタイムズスクエアからと考えていました。ところが、大阪本社の受け担当スタッフが、トランプ氏が住んでいるトランプタワーの前に、選挙結果に抗議する若者たちが集まって抗議デモを行いたいへんな騒ぎになっていると連絡してくれたので、急遽、大急ぎで中継場所を変更してトランプタワーのすぐ前から生中継を何度か行いました。

放送直前の変更だったにもかかわらず、カメラマンはよく対応してくれたと思います。私にとっても何年振りかの騒然とする熱い現場からの生中継でした。この時も、当たり前のように宮根さんとの事前の打ち合わせは何もありませんでした。何を聞いてくるのか、何分間中継するのか、何回中継するのかもまったくわからないまま、生中継に突入していったのです。その時、現場で何が起きているのか、生の状況を伝えることを最も重視するミヤネ屋ならではの生中継だったと思います。

「たまたまいまが調子いいだけ」

　さて、宮根さん本人はミヤネ屋という番組をどういう風に見ているのでしょうか？　この本を書くにあたって宮根さんと二人きりでゆっくり食事をしながら話を聞いた時に、宮根さんにしては珍しくきっぱりとした口調で何度か言われたことがあります。

　それは、宮根さんにミヤネ屋が成功している理由についてどう思うかと聞いた時のことです。「一〇年経ったら番組のフォルム（形）はできるんですよ。フォルムができると皆がフォルムの枠に入っていく。成功とか快進撃とか言いたくない。いまのミヤネ屋はたまたまいま、何となく調子がいいというだけで、いつひっくり返されるかもわからない」と何度も強調しました。続けて「（うまくいっている理由は）正直わからない。なんでうまくいっているんだろうという方程式ができると、番組の硬直化が始まり面白くなくなる。あえて考えないようにしている。瞬間、瞬間に面白いと思うことを拾っていく」と、番組作りの姿勢を語ってくれました。

　さらに宮根さんは続けます。「成功しているというのは、辞めて初めて出る言葉かなあ。謎解きをやったらマジックは終わりみたいなところあるじゃないですか。自分で分析したら終わりじゃないですか。なんで当たってるんですかと言われて、謎解きやって、こうだから当たっていると言った瞬間に終わると思います。たまたまいまが調子いいだけ」

この宮根さんの言葉を聞いて、番組の命運を背負って日々勝負しているメイン司会者の覚悟を感じました。

井戸端会議とスター

宮根さんはミヤネ屋をどのような番組だと思っているのでしょうか。宮根さんによると、ミヤネ屋は一言でいうと「おばちゃんの井戸端会議」だと言います。「面白いと思うことを話す。あんた、どう思う？　私はこう思う。それちゃうわ、と言いながら結論は出さない」というのがミヤネ屋なのだと。

「井戸端会議には、話を振っていくおばちゃんが必要」だと宮根さんは言います。そして、そのおばちゃんこそがまさに宮根さん自身なのです。宮根さんは、ふだんから自分のことを〝おばちゃん〟と呼んでいます。趣味がデパートの地下食品売り場をウロウロすることというのも肯《うなず》けます。

さらに宮根さんは、〝おばちゃんの井戸端会議〟であるミヤネ屋を観てくれた「ホンマのおばちゃんたちに、ホンマの井戸端会議をやって欲しい」と言うのです。ミヤネ屋ではこう言うてたけど、あんたどう思う？　という反応があるような番組が宮根さんにとっての理想なのです。

その井戸端会議を作っていくには、もちろん〝話を振るおばちゃん〟だけでは足りません。宮根さん曰く、番組には宮根さん以外の〝スター〟を作るのも必要なのです。

「僕の周りにスターを作るのが一番、番組として大事なこと。世の中に顔が知られている人をいっぱい作る。（お天気の）蓬萊（大介）さんとか、（リポーターの）中山さんとか藤村さんとか。一人で先発して五日間、一回から九回までは投げられない。渡すことのできるリリーバーがいる。任せる人は力もあって、世間に認知されている人。そういう人を作ると番組としては強い。お馴染みさんがいっぱいいる番組は一番、安心感があると思う。ふだんは馬鹿なことやってるけど、いざと言う時は顔知っている人が来てくれる（というのが大事）」と、番組からスターを作る重要性を説く宮根さんは力が入ります。

「街を歩いていて名前を呼ばれる、声を掛けられる人を作るのが大事」で、「コメンテーターの方との信頼感も大事」と出演者への想いも語ってくれました。当たり前かも知れませんが、ふだんからホンマに周りの出演者のことを考えてくれているのだなと感心します。だから、宮根さんの〝いじり〟も、出演者への愛情表現なのだと感じられるのです。

「わからないって、どういうこと?」

ここまでいろいろと書いてきましたが、宮根さんには生放送とは何たるか、番組でコメントするとは何たるかということについて、番組でのやり取りを通じていろいろと教えてもらってきました。中でも最も印象に残っているのは、番組の中で自分がわからないことについてコメントを求められた時の対処の仕方です。

解説委員というのは厄介な役割で、〝世の中のことは何でも知っている人〟であることが求められます。NHK解説委員室のホームページによると、NHKにはなんと四〇人以上の解説委員が在籍しています。解説委員にはそれぞれ担当分野があって、政治、国際政治、外交、安全保障、司法、事件、経済、財政、金融、社会保障、スポーツ、科学、医療、芸術、文化、災害、科学技術などとなっています。

一方、在京の民放キー局各局にも解説委員がいて、NHKほど人数は多くなく担当も細かくは分かれていませんが、それぞれ専門分野を持って、主にその分野についてコメントします。

それに対して読売テレビは解説委員二人に解説デスク一人。番組では、多くの専門分野のほぼすべてについて一人で解説します。ミヤネ屋に至っては、その上に芸能に関するコメントまで要求されます。泣き言ではないですが、「何でもどんな分野でも知っているなんてあり得ない」と思いつつ、日々各方面にアンテナを張り勉強を続けています。

私は、ミヤネ屋でコメントを求められて一度だけ「わかりません」と正直に言ってしまったことがあります。まだテレビに出始めた頃だったと思います。確か、北欧の国の王室に関する細かい知識について宮根さんに質問された時のことです。いまならなんとかやり過ごすテクニックを身につけていますが、当時はまだ純粋だったのです。思わず「わからないです」と答えたところ、〝宮根爆弾〟が爆発しました。

「わからないって、どういうこと？　あんた、読売テレビの解説委員やろ？　何でも知ってるんちゃうの？　わからへんでええの？」と畳み掛けられましたが、「ゴメンなさい」と返すのが精一杯でした。このことで、「そうか、テレビの生放送では『わからない』とは決して言ってはいけないのだ」ということを学びました。

しかし、世の中にはわからないこと、知らないことがまだまだたくさんあります。では、そのことを聞かれた時にはどう答えるか。こんな恥ずかしい裏話を書くべきか正直迷いますが、少しだけこっそりお伝えします。もしもわからないことを質問された時には、聞かれたことに真正面から答えずに、自分の知っていることに話をずらして答える。もっと言うなら、聞かれたこととまったく違うことについて答えることもあります。もしも解説委員が「それもそうなんですけど」とか「そういう見方もありますが」なんていうコメントをした場合は、苦しんでいると思ってください。

以前に、先輩の解説委員が明らかに知らないことを聞かれた時に、どう答えるのか注目したら、その人は誤魔化さずに「その件については、いま手元に正確な情報を持ち合わせていませんが……」とコメントして話を逸らせました。(それって、わからないということやよね)と心の中で突っ込みを入れながらも、ものは言いようだと感心しました。

悪名は無名に勝る

テレビ番組で自らの名前を晒《さら》して、他人様の行いについてコメントするという難しい仕事をしていると、視聴者から批判されることも多いのです。特にネット時代になり、誰でも簡単に世の中に発信できるようになって、批判の声は大きくなりました。人のことを批判することも多い仕事なので、自分のことを批判されるのも仕方がないと思っています。もっと言うと、ジャーナリストとして言論の自由は何よりも大切にしたいと思っています。それでも、批判の前提となる事実関係が間違っていて批判されると辛いものがあります。

詳しくは書きませんが、これまで二度ブログが炎上したことがあります。二度とも、ブログで書いた内容が問題とされた訳ではなく、ミヤネ屋で私が発言した内容に対して、私のブログに批判のコメントが殺到したのです。最初は何が起きたのかすぐには理解ができず、寄せられた批判コメントにずっと目を通していましたが、その内容のあまりの酷さに途中で読むのをやめました。

褒められて伸びるタイプだと自分では思っていますが、残念ながらコメンテーターという仕事をしていると、褒められることよりも批判されることが多いのです。それだけにたまに褒めていただけると、心から嬉しくなり励まされます。

私でもこうなのですから、メインの司会者として毎日二時間喋り続けている宮根さんには、もっといろいろな声が届いていると思います。芸能人の好きな人ランキングの上位にランクされている人が、嫌いな人ランキングにも入ることがあるように、有名になればなるほど、いろいろな意見を投げられるようになります。

宮根さんと、ネットなどでお互いいろいろなことを書かれているということについて話をしたことがありますが、宮根さんに「嫌なことでも何も反応がないよりはましです。悪名は無名に勝りますから」と言われて妙に納得しました。私とは比べものにならないほど、ネット上にいろいろなことを書かれていると思いますが、そういうことさえエネルギーに変えて前へ進む宮根さんの姿勢から少しでも学びたいと思っています。

日々、進化する怪物

ミヤネ屋が始まった頃には「ニュースに自信がない」と弱気なことを言っていた宮根さんですが、番組が始まって一〇年が過ぎ、他局での番組も含めてほぼ毎日、日々起きるニュースを番組で扱っているので、宮根さんのニュースに対する知識、情報量はもの凄い勢いで増えていっているのが、共演していてよくわかります。質問の内容からも、新聞を隅々までよく読み込んでいることが手に取るように感じられます。

以前に比べて私に対する質問のレベルも格段に上がっていることが、解説委員である私を悩ませます。例えば、混迷するシリア情勢について、以前なら「春川さん、シリアでの内戦が長引いて、多くの避難民が出てたいへんなことになっていますね？」といった質問だったのが、最近では「クリミア半島の併合で対ロシア制裁を続けるアメリカに対して、ロシアはシリアのアサド政権を支援することで対抗しているし、避難民が押し寄せているヨーロッパ各国も、反難民の声が高まり一枚岩にはなれない。これまではアメリカに近いと見られていたトルコの立ち位置も含めて、シリア情勢はたいへんなことになっていますが、春川さん、どう見ていますか？」というレベルに達しているのです。（質問の中で、先に皆まで言うなよ）と心の中で思いながらも、ぐっと堪えて「宮根さんの言う通り……」と、解説委員としては何とも苦しいコメントになることもよくあります。

このように、スタジオでの話の回しで、ずば抜けた才能を発揮する宮根さんは、ニュースやあらゆる情報についての知識や情報を吸収しつつ、日々進化しているのです。近くで見続けてきて、この人はテレビが生み出した怪物だとさえ思います。

宮根さんの仕事をどう思うか、ミヤネ屋にこれまで関わってきた人たちに聞いてみました。まずは、ミヤネ屋のチーフ・プロデューサー兼総合演出。宮根さんが最も信頼しているスタッフだと思います。その彼は「宮根さんは天才。（番組内で）何かがあった時に、その解決方法や着地点が見えている」と言います。さらに彼は「宮根さんは演出家だ」と言い、「生放送の中で初めてＶＴＲを見るのに、ＶＴＲでわかりにくい所はスタジオでフォローができる。一枚の絵の受け取り方が純粋で、視聴者的に知りたいことを言うポイントがわかっている優秀なディレクターでもある」と、続けてくれました。

次に、最初に宮根さんに声を掛けたエグゼクティブ・プロデューサー。「シャイで人見知りでストイックな宮根さんは、共演する人の良さを引き出すのがうまく、人を巻き込んでいって化学反応を起こす」と司会者としての魅力を述べると共に、「（ニュースの大型パネルをいじる）一人芸は誰にでもできるものではない」と他の人にはマネできない話術のレベルの高さに感心します。それと共に、「凄く野心家で、目が笑っていない」と、鋭い指摘もしてくれました。

そして、番組立ち上げ期に、苦労して宮根さんと一緒に番組の基礎を作っていった当時の総監督。彼は「（ミヤネ屋がうまくいった理由は）宮根さんの圧倒的な司会進行能力と、徹底的に視聴者の目線に立った視点にある」と絶賛した上で、宮根さんをどう評価するかと聞いたところ、「当時（あるいはいまも）あらゆる事件、騒動を『許せない』とばかりに正義をふりかざすワイドショーばかりで、そこに個人的にかなりの違和感を覚えていました。一方、宮根さんはいい意味でどこか力が抜けていて、非常に客観的に物事の本質をとらえる。その軽やかさがとても気持ち良かったし、多くの視聴者にとっても楽に観られる感覚があるのだと思います。だいたいのことは笑いに変えてしまえるという意味では、日本随一の稀有なキャスターだと思います」と語ってくれました。

最後に、宮根さん自身は番組作りや自らの仕事ぶりについてどう思っているのか、あえて本人に聞いてみました。すると、こんな答えが返ってきました。「恋と一緒ですよ、テレビって。恋と一緒で、あの子、夜はどうしてるのかなあ、なんで電話繋がれへんのやろというのが。自己分析し出すと結婚と同じ。結婚した瞬間に終わる」と、意味深な答え。「自分のこと、語り出したら終わり。あいつ誰やねん、と思われている頃合いがいいと思う」と話してくれました。何とも宮根さんらしい表現です。

「ミヤネ屋をぶっ壊す」

「ミヤネ屋をぶっ壊す」

番組開始から一〇年を迎えて、宮根さん自身の口から出た言葉です。当初はなかなか視聴率も取れず、スタッフと毎日ああでもない、こうでもないと悩みながら意見を闘わせて番組を作り続けてきて、ようやく数字も取れるようになり、世間からも注目され評価もされるようになってきました。その一方で、番組が成長するにつれて、昔のようにハチャメチャなことをする機会も減ってきて、お行儀が少し良くなり過ぎているのではないか。宮根さんもスタッフも、そんな風に感じているのではないだろうかと、私は想像します。

ここらで一度、ミヤネ屋をぶっ壊して、ワクワクするような番組作りの原点に戻ろうではないか、と思っても不思議ではありません。番組は日々進化するものです。出演者も番組スタッフもいつまでも同じメンバーではありません。新しい風が吹いて、この先どう転ぶかわかりませんが、もう一度、面白いことを突き詰めていこうと思っているのではないでしょうか。

ミヤネ屋の次の一〇年について、宮根さんは「できあがった番組をもう一回壊していきたい。スタッフとともに、予測不能で、視聴者が〝次は何が起こるんだろう〟とドキドキする番組にしていきたい」(ミヤネ屋一〇周年の記者会見)と抱負を語っています。

ミヤネ屋のチーフ・プロデューサー兼総合演出に、宮根さんの「ミヤネ屋をぶっ壊す」発言について聞いてみたところ、彼は次のように答えました。

「(ミヤネ屋はこれから先)こっちへ行くのよね、と思われることが嫌なんです。ミヤネ屋がどこへ向かうのか……。わかったら面白くないじゃないですか」

ミヤネ屋らしい答えだと思います。

第5章　解説委員って何する人？

「春川さんって何屋さんですか?」

ある日、東京でお酒を飲んでいたら、お店の女性に「春川さんって、何屋さんですか?」と聞かれました。ありがたいことに、私がテレビに出演してコメントをしていることは知ってくださっていたのですが、本業が何かわからなかったようです。確かに、「春川さんって、タレントじゃないんですか?」とか「読売テレビの社員なんですか?」と驚かれることも少なからずあります。

報道情報番組のコメンテーターという仕事に対するイメージはあるのでしょうが、本来の仕事は何をしているのかまでは知らない場合が多いのかも知れません。コメンテーターの方は、通常「コメンテーター」という職業ではなくて、大学教授や、弁護士、評論家、タレント、ジャーナリストなど本業を持っている場合がほとんどで、コメンテーターというポジションで番組に出ているのです。

では、解説委員って何なの? と思われる方も多いでしょう。社内の人間でさえ、いまだに「解説員」と間違える人もいます。新聞の論説委員や編集委員とどう違うのかと問われて、正しく説明できる人は少ないでしょう。

テレビと新聞の大きな違いは、テレビは報道機関であるのに対し、新聞は報道機関でかつ言論機関であるということです。もう少しわかりやすくいうと、テレビも新聞も、世の中でいま何が起きているかを早く正しく伝え、その背景にはどんな事情があるのか、そのニュースの意味を解説し、国民が考え判断する材料を提供するという役割を報道機関として期待されています。さらに新聞には、「わが社としてはこう考える」という社の意見（社説）を発信する言論機関としての使命もあります。テレビ報道でも個人の意見が紹介されることもありますが、テレビ局として「憲法改正に賛成か反対か」についての社の意見というものはないのです。

その新聞社の社説を書くのが論説委員で、ある分野が専門のベテラン記者が編集委員です。これに対して私がやっているテレビ局の解説委員というのは、ニュースについてわかりやすく説明したり、そのニュースが持つ意味や背景を解説したりする人です。先ほど言ったようにテレビ局には社の意見はありませんが、世の中で意見が分かれるような難しい事柄について、意見を求められることもないとは限りません。会社の肩書で話すので、どうコメントするかはたいへん難しいのですが、自らの考え方や意見をしっかり持っていないとコメントできないという場合もあります。

先にも書きましたが、解説委員、特に広い範囲をカバーする大阪のテレビ局の解説委員に求められているのは、「世の中のことは何でも知っている人」という役割です。考えてみれば、こんなに難しい役割はありません。知識や経験が問われるポジションではありますが、もっと厳しいのは、テレビ画面に晒されると人柄が出てしまうということです。こればかりは、勉強したからといって、どうすることもできません。そういう意味でも、テレビの解説委員というのは、多くを求められる厳しい仕事だと思います。

大阪の他のテレビ局でも、ここ何年かで番組に出演してニュースを解説する報道局員が増えてきました。同じような立場の仲間が増えたということは、読売テレビがずっと長年大切にしてきた解説委員という役割が認められてきたのかなと嬉しく感じます。

バランスが大切

報道局の管理職である報道部長から、テレビに出演する解説委員になってもうすぐ一〇年です。この間、解説委員として最も大切にしていることは、第3章でも述べましたが〝バランス〟です。世の中には意見が分かれるような事柄がたくさんあり、多くの人がさまざまな意見を持っています。例えば、憲法改正、原子力発電、消費税、沖縄の米軍基地、日米関係、日中関係、自衛隊、そして政治などなど。それぞれの問題について多くの違った意見があり、相手の立場や主張を尊重した上で議論するというのが健全な民主主義社会です。その中で、例えばミヤネ屋のスタジオで意見が一方的な方向に傾いた際には、反対の意見も紹介してバランスを取ることを心掛けているのです。

特に気を付けているのは政治的なバランス。例えば、スタジオにコメンテーターが私を含めて三人いて、他の二人が自民党に厳しい意見を言えば、私は逆に自民党の頑張っている点を紹介したり、民進党など野党に厳しい意見を言ったりします。逆に私以外が民進党など野党を批判すれば、私が自民党を批判したり、民進党など野党の良い点を紹介したりして常に〝逆目〟を張っていくのです。そうすると、読売テレビの視聴者センターには、「春川は、昨日は自民党を応援し、今日は民進党を応援していて政治的スタンスがぶれている」などと視聴者からの意見が寄せられ、お叱りを受けることもあります。そうした場合、私は「なんとか自分の仕事ができているかな」と思うのです。

放送法は第四条で、放送事業者は放送番組の編集にあたって「政治的に公平であること」(第二項)、「意見が対立している問題については、できるだけ多くの角度から論点を明らかにすること」(第四項)と定めています。ここが新聞と大きく違うところです。この「政治的公平」については、日本のテレビ局もアメリカのように、その原則をやめて局としてのスタンスを示すべきではないかという意見も特に若い人たちからよく聞かれます。これには、意見をはっきり言う傾向が強いネットの影響も大きいのではないかと感じています。

このバランスについては、政治や憲法などの堅くて難しい話題に限りません。例えば、芸能人で誰が好きとか、どんな映画や歌が好きなどという柔らかい話題についても、スタジオにいる他の人たちとはできるだけ違う見方や意見を紹介するように努めています。

これは、私の天の邪鬼な面が出ているのかも知れませんが、どんな話題であるにせよ、皆が同じ方向を向いているのは気持ちが悪いのです。世の中にはいろいろな意見があって、それをみんなが遠慮なく言い合い、お互いの考え方や見方を尊重して、大いに議論できることが健全な世の中なのだと、職業的にも、個人的にも強く思っているのです。そのことを考えれば、テレビの解説委員という仕事は私に向いているのかも知れません。でも、正直言うと、いまでも画面に出るのはあまり好きではなく、できればそっとしておいて欲しいというのが本音なのです。

「ちょっといいですか?」を大切に

第3章でミヤネ屋の生放送中に宮根さんに割って入る難しさについて書きましたが、〝出しゃばらない解説委員〟を目指す私でも、ここぞという時にはタイミングを見計らって割って入ることもあります。

例えば、前項で書いたようにバランスを何より重視する私としては、意見の分かれる事柄について、スタジオの出演者の意見がどちらか一方に傾き過ぎていると感じた時には、「ちょっといいですか？」の言葉と共に割って入るのです。

そういう場合、宮根さんは割って入るタイミングにとても敏感です。少しでもタイミングがずれると、「入るタイミング考えてよ」と言いたげな視線が飛んでくるように私は感じます。そのことによってまた、生放送でコメントを挟む際のタイミングの取り方を、宮根さんに教えてもらうことになるのです。

割って入るのは、バランスを考える時だけではありません。このタイミングでこれだけは言っておかなければならない、言っておきたいと感じた時にも、スタジオの会話の流れに逆らってでも、口を挟みます。

例えば、その時スタジオで話しているネタが、私たちの仕事であるジャーナリズムやメディアなどに関する場合には、当事者として一言話しておかなければということでコメントする場合があります。ただ、そういう場合には、長年の付き合いである宮根さんは、私がコメントしたいと思うことを感じ取ってくれて、私が割って入らなくても、その前に質問してくれることも多いのです。

一緒に出演している他のコメンテーターの方と意見が違う時に、その異なる意見を言う際にも使うことがあります。そういう時には、なるべく相手の方に嫌な思いをさせないように、まずは「私はちょっと○○さんのご意見とは違うのですが」と前置きしてから、自分の違う意見を述べることにしています。

違う意見を言ったことで論争になることもありますが、それはそれで健全なことだと私は思っています。違う意見をぶつけることを恐れることなく、さまざまなモノの見方を視聴者に提示して、考える材料にしていただきたいのです。

この、自分の考え、思いに正直に従って、自らの思うところをストレートに発言することで、時には周りにさざ波が立っていることも自覚しています。

ゲストとして出演していただいた政治家や、スタジオでご一緒している他のコメンテーターの方と論争になることも厭《いと》わない性格から、〝嚙み付きキャラ〟と見られることもありますが、わざとそうしている訳ではなく、言うべきことを言うという、自らの性格、解説委員としての務めから、自然とそうなっているのだと自分では思っています。

「そろそろ変化球も覚えたら？」

いまから二五年以上前のこと。私の結婚式のスピーチで、ある先輩から言われた言葉です。何事に対しても正面からストレートにぶつかっていく私のやり方に対して、先輩として、もう少し柔軟なやり方も身につけたらと心配してくださっての言葉だったと思います。

報道の仕事も三〇年以上になり、ほとんど後輩ばかりになったので、周りの人たちは私に対して口に出して言うのは憚られるのでしょう。いまとなっては誰もそんなことを言いませんが、同じように思っている人も多いのかも知れません。

先日もミヤネ屋のあるスタッフから、〝春川ショック〟という言葉を初めて聞きました。ある日のスタジオで、初めてご一緒したコメンテーターの方の意見に対して、私がまったく違う見方を示したことに対して、彼は〝春川ショック〟という言葉で感想を漏らしたのです。そもそも論を述べて、それまでのスタジオでの流れをひっくり返すような時にも、〝春川ショック〟という表現をするそうです。私自身はそのことを聞いて、（そうかなあ？）と感じつつも、（うまいこと言うなあ）とも正直思いました。

こんなこともありました。ある日のミヤネ屋で、夜の街を暴走族が走り回り、それを見学に来る期待族と合わさって大騒ぎになり、街の人たちが困惑しているというニュースを放送しました。そのニュースを受けて、スタジオで「自分が出演している番組で言うのも何ですが、そもそも取材に行ってカメラを回すから暴走族も調子に乗るのでは」と私がコメントしたところ、スタジオが一瞬凍りつき、内心（また、やってしまった）と思ったことがありました。いま考えれば、これも〝春川ショック〟だったのかも知れません。

「変わっているという自覚がない」ということが「変わっている」とも言われます。自分では、報道という仕事をやっている以上は、誰に遠慮することもなく、言うべきことは言う、ということを大切にしているのですが、そういう周りのことを気にしない姿勢が「変わっている」と言われる理由かも知れません。さらに自分自身を客観的に見て「変わっているという自覚がない」と言い切ってしまうことがまた「変わっている」と他の人からは見られるのかも知れません。

いずれにしても、「もうこの歳になって、変化球は投げられない」と開き直るつもりはありませんが、胸元にストレートを投げ込める球威は、いつまでも持ち続けたいと思っています。

先輩解説委員に一言

胸元へのストレートを、身内に投げてしまうこともありました。二〇一一年一一月に行われた大阪府と大阪市のダブル選挙の際に放送された選挙特番でのこと。この選挙では、大阪都構想を争点にして、大阪府知事で地域政党の大阪維新の会の代表である橋下《はしもと》徹氏が任期途中で辞職して大阪市長選挙に、そして同党の幹事長だった松井一郎氏が大阪府知事選挙に出て両氏が勝利しました。

その選挙特番で、私は橋下氏の記者会見場からの生中継でリポートを担当していました。番組の冒頭、本社のスタジオで出演していた先輩の元解説委員で、番組のニュース解説をしている方のコメントが、耳に入れたエアモニ（スタジオでの番組進行を伝える音声）を通じて聞こえてきたのです。

その元解説委員は橋下、松井両氏と親しく、府知事選への立候補を要請されたが断ったと番組で明かしました。その辺りの裏事情も含めて解説することを期待されて番組に出演し、番組内で次のように発言したのです。

「少なくとも私はいまもその当時も、とにかく朝でニュースの番組をやってますから、一応、中立を装わなきゃ、最低限ね、中立でなきゃいけないし、少なくともマナーとして中立を装わなきゃいけない立場だから」

私は中継先の橋下氏の会見場にいたのですが、本社から連絡があり本社に戻ってスタジオで出演することになったのです。

そして、スタジオに入って司会者から「スタジオには春川解説委員も会場から戻ってきました。春川さん、一番、会見場で感じたことはなんでしたか？」と聞かれた際に、「その前にちょっと一言だけ。さっき中継聞いていましたけど、やっぱり中立を装わなきゃっていうあの言い方はだめですよ。ニュースをやる以上はやっぱり中立を貫かなきゃだめですし、やっぱり読売テレビの報道だけじゃなしにニュースの報道の信頼に関わる問題なので、それだけちょっと一言」と元解説委員の先輩に向けて自分の考えを述べました。

カメラはすぐにその先輩に切り替わり、当然、反論があるだろうと思ったのですが、笑みを浮かべただけで何も言いませんでした。それで、私は何事もなかったかのように、「ということで、橋下さんに関しては……」と話を続けました。

画面に出たのはここまでですが、その後のCMに入った時、私はその先輩に対して「先ほどは突然失礼しました」と頭を下げました。すると、その先輩は「俺はいいんだけど、ああいう言い方をすると春川が損するよ」と言われたのです。それを聞いて反射的に「損得の問題じゃないでしょ」と言い返してしまいました。その後、選挙特番が終わった後に、もう一度「今日は失礼しました」と先輩に謝りました。先輩はニコッとして気にしないでという反応を示してくれました。

この選挙特番での私の突然の切り込みに対しては、社内外で賛否両論がありました。自分ではおかしいと思ったことを口に出しただけで後悔はありませんが、偉そうな上から目線にならないような言い方をもっと勉強したほうがいいという思いは持っています。「そろそろ変化球も覚えたら」というアドバイスは、こういうことなのかも知れません。

〝橋下嫌い〟と〝フルボッコ〟

皆さんは「フルボッコ」という言葉をご存知ですか？　恥ずかしながら、私はその時まで知りませんでした。ネット上などでよく使われる若者言葉だそうですが、相手のことを「フルパワーで徹底的に殴りつける」「完膚なきまでに打ちのめす」という意味だそうです。

いまでもネット上には、「橋下 vs. 読売　春川正明をフルボッコ」という項目が数多く残っています。当時、大阪市長だった橋下徹氏が市長としてのぶら下がりの囲み取材（記者が立ったまま囲んでするインタビュー）の時に、「あの討論会をメディアがいろいろな所で報じてくれて、いろいろコメント見たんですけど、いやーどうしようもない解説、どうしようもないコメント多かったですね。読売テレビの春川さん、なんとかして欲しいですね。面白くないから次回来ない、次回行かないって、来なくて結構ですけどね。いったい何をメディアは政治に期待するのか、それからメディアの役割は何なのか」(二〇一二年九月一一日、大阪市長囲み取材)と言っている映像がネットで流れたのです。

その経緯はこういうことです。橋下氏らが立ち上げた大阪維新の会に国会議員が合流する際に、価値観が一緒なのか確かめるための公開討論会が開かれ、私も取材に行きました。当時注目されていたTPP(環太平洋経済連携協定)や外交などについての話は時間切れで先送りされ、内容も乏しかったので、番組で解説した際に「次回はもう取材に行かない」とコメントしたのですが、それを受けて橋下氏が記者の前で怒りをぶちまけたのです。

当時の橋下氏のツイッターにはこう書かれています。「それにしても読売テレビの春川氏はダメだね~討論会は面白くなかったからもう行かないだって。来てもらわなくて結構だけど、この人何を取材するんだろう。完全にテレビに毒されているね。面白いか、面白くないか。本当の政治議論なんて面白いわけがない。政治家をチェックするのがメディアの役割だ」(二〇一二年九月一一日、橋下氏ツイッター)。

討論会の内容について「面白くない」と言った覚えはありません。私は「面白くなかったから」ではなくて「内容が乏しかったから」もう取材には行かないと言ったのです。

　その後に番組でこの話題になった時に「(橋下氏は)弁護士なのだから、人を批判する時には、その基となる事実関係をしっかり確かめてから批判すべきだ」という内容の反論をしました。

　この件だけでなく、橋下氏とは番組で何度となく論争しました。これはご本人にも番組の中で直接申し上げたことですが、橋下氏が進める政策についてよりも、自らと異なる意見の人たちを徹底的に叩いて、場合によってはその存在自体を否定するような政治手法について、厳しい意見を何度か述べたのです。ご本人のいない所で悪口を言うようなやり方はしたくないので、番組でご一緒した時に、ご本人を目の前にして私の意見をぶつけた結果、何度か論争になったので、私は〝橋下嫌い〟と思われているようで、視聴者からも「橋下さんに何でも反対する春川」という厳しいご意見を頂戴しました。

　しかし、私は橋下氏のことは、好き嫌いで考えたことはありません。彼が大阪府知事や大阪市長という絶大な権力を持っている人物だったが故に、権力チェックが重要な使命であるジャーナリストとして、橋下氏の言動を厳しくチェックしていただけです。橋下氏は先に紹介したツイッターの中でも「政治家をチェックするのがメディアの役割だ」と自ら言われているので、そこは理解されていたと思います。

橋下氏はもともとテレビ番組で人気が出た人なので、テレビの世界を本当によく知っています。どのタイミングでどんなことを言えば、テレビがどう取り上げるかということもよくわかっています。

橋下氏と番組でご一緒し始めた頃に、番組内で激しい論争になりました。その時は視聴者の方から「局の人間として、解説委員として、ゲストと番組の中で喧嘩するとはどういうことだ」というお叱りを受けました。その番組が終わった後に、私は局の人間として、橋下知事のところに挨拶に行って、「知事、今日は本当にご無礼を言いましたけど、ご出演をしていただいて、ありがとうございました」と頭を下げました。橋下氏はこれに対し、「春川さん、テレビだから、あれぐらいでちょうどよかったですよね」とニッコリ微笑んだのです。

これには正直驚きました。

テレビのことを非常にわかっているので、テレビの番組を盛り上げるために頑張ったのですよということをたぶん言われたのでしょうが、政治家・橋下の本質が見えたというか、そういう人なんだなと思いました。

また控え室で二人きりになった時には、放送中とは打って変わった、その礼儀正しさにもびっくりしました。このギャップが、人を引き付ける魅力に繋がっているのかも知れません。

政治家としての橋下氏を私は高く評価しています。その決断力や実行力、そして一度決めたらぶれない信念、間違っていたと思ったらすぐに改める姿勢はたいしたものです。そして何より、自分のためではなく、この国を良くしたいという想いで政治をするその覚悟は、他の政治家にはあまり感じないものです。「大阪から日本を元気にしたい」という考えには、同じ大阪人として共感します。

とは言うものの、敵と味方を峻別するその過激な政治手法が「子どもたちに与える影響も考えてください」とご本人に申し上げたように、その政治姿勢については強い危惧を持っています。

そういう私の考えをよく知っているので、ミヤネ屋に橋下氏が出演した時はもちろん、橋下氏のニュースになると、宮根さんは、あのいつもの含み笑いをしながら私を見て、「春川さんはどう思います？」と聞いてくるのです。ヒリヒリした論争を楽しみにしているようです。

「無難でなく行きましょう」

仕事のことではあまり周りの人に相談したりはしませんが、解説委員になる時は信頼する人に相談しました。上司から解説委員になるように言われたものの、テレビに出たくない私は断り続けていました。しかし、いつまでも我儘《わがまま》を言っていられない状況になり、ある人に相談したのです。

二人いた解説委員の先輩のうち、一人はそう遠くない将来に定年になることがわかっていましたし、もう一人はいずれ会社を辞めてフリーになると思われていました。そこで、当時、報道部長だった私は会社の上層部から、次の解説委員を育てるようにとの命を受け、二人の後輩を解説委員に指名したのです。しかし、出演していた番組が終わるなど私が指名した解説委員が二人とも辞めることになったため、それではお前が自分で責任を取れという形で、私にお鉢が回ってきたのだと思っています。

先輩解説委員は、二人とも元々はアナウンサーでした。テレビの生番組で臨機応変にコメントするためには、アナウンサーだったというキャリアは絶対に有利です。発音や滑舌は問題なく、そして何よりテレビに出て話すことが好きなのですから。

二人の先輩は、私から見ればまったく違うタイプでした。徹底的に現場に拘る生涯一記者と、看板アナウンサーとして長年会社を背負ってきたスターです。自分の意見は言わず公平さを大事にする人と、自分の意見を歯に衣着せぬ調子でズバズバ言う人、これまた好対照です。私から言わせれば、誰も後継者がいない〝一代横綱〟とも言える二人の後を受けて、

「普通の記者でも解説委員になれるということを証明して、後輩たちの励みになれ」と言われて解説委員になることを受け入れたのです。

そして、揺れる気持ちを落ち着かせるために、信頼できる人に相談に行きました。目白駅に近い喫茶店で、その人は私に向かって言いました。「（解説委員に）なりたい人がたくさんいるのに、誰もがなれるポジションではないのです。春川さんのやりたいようにやってみたらいいんじゃないですか。ただし、やると決めたら、無難にやるのはやめましょう。自分らしく自分の信じる道を無難でなく行きましょう」と励ましてくれました。この「無難でなく」という言葉が、心にジーンと沁みたのです。そうか、やりたいように自分らしくやったらいいんだ、とストンと腹に落ちました。

解説委員になったその日から、一〇年近く一日も休まずに会社のホームページに書き続けているブログのタイトルである「無難でなく」は、ここから来ています。いまもこのタイトルを見る度に、初心に戻らなければと意を強くします。

「綺麗と思う花はどんな花？」

ここまで私も出演するミヤネ屋について、いろいろと書いてきましたが、ここで少し、ジャーナリストとしての報道生活も三二年となった私自身とテレビ報道についても書いてみたいと思います。

読売テレビに入って、最初に配属されたのは思ってもみなかった報道局撮影編集部。しかもカメラマンではなく編集マンと言われて最初は戸惑いました。野球で見込まれて入社できたと思っていただけに（実際、最近になって「春川、じつはお前は野球で採用したんや」と当時の会社幹部に打ち明けられました。ホンマだったんですね）、一日中、編集室にこもってＶＴＲを繋ぐ仕事にはなかなか慣れることができませんでした。

同期の記者やディレクターが半年も経たないうちにテレビ画面にデビューしていく一方で、私はといえば、編集機を思うように動かせるようになるだけで一年以上かかりました。最初に私が編集したＶＴＲが放送されたのは、確かお天気コーナーで流れる気象衛星ひまわりの雲の流れを編集したものでした。いまならＣＧで雲の流れが映し出されますが、当時はＣＧ画面をＶＴＲに取り込んで編集していたのです。雲の流れの変化を決まった秒数ごとに繋ぐだけでしたが、初めて自分が編集したＶＴＲが放送された時には、一人でこっそり感動しました。

そして、次の段階になると、お天気コーナーで流れる綺麗な花や景色などのフィラー（文字情報などの背景として流れる映像）の編集をするようになったのです。まったく素人だった私に一から編集を教えてくれた師匠は、その時私に「自分が綺麗と思う花はどんな花や？　それを繋いだらええんや」と心構えを教えてくれました。そうか、それなら簡単やと思いましたが、よく考えるとどんな花を綺麗と思うかはその人の感性や価値観です。正解はありません。教えることもできません。自分がこれまで生きてきた経験から、自分で判断しなければならないのです。だからこそ、難しいのです。

この「綺麗と思う花はどんな花？」という問いかけが、テレビの仕事、報道の仕事をやっていく上での最も大切なものだとは、その時はまだわかりませんでした。思えば、五年半の編集マン時代には、絵を繋ぐというテレビの世界で大事なことだけでなく、報道という仕事をする上で最も大事なことを学ぶことができたと、編集を離れてからわかりました。

私を一から育ててくれた編集の師匠には、たとえ三〇秒の短いニュースでも、「春川、そのニュースで最も大事なことは何や」ということを、嫌というほど叩きこまれました。このことが、その後、記者、海外特派員、プロデューサー、報道部長、解説委員とポジションは移り変わっても、私がニュースを判断する時の基になっているのです。その意味では、私にジャーナリストの基礎を教えてくれたのは、その編集の師匠です。もう亡くなられましたが、心から師匠に感謝しています。

ベルリンの壁

テレビで偉そうに解説委員としてニュースについてコメントしていますが、じつは正直に言うと元々は報道の仕事に興味はなかったのです。高校生の時から将来はテレビ局で働きたいとは思っていました。だから大学受験でもマスコミについて学べる社会学部系ばかり選びました。ただし、小学校から大学までずっと野球ばかりやってきたので、テレビ局に入社できたら、野球の素晴らしさを伝えることができる運動部で働きたいと希望していたのです。しかし、残念ながら希望は叶わず、入社以来、ずっと報道一筋です。最初は思ってもみなかった撮影編集部に配属され編集マンとなりましたが、編集マンとして、そして撮影助手として、若いうちから海外取材に数多く行けたことは幸運でした。グアム、ニューヨーク、フィリピン、オーストラリアと入社早々から世界を飛び回りました。

中でも最も印象に残っているのは一九八九年暮れのドイツ取材です。東西冷戦が終わり、ベルリンの壁が崩れる瞬間を東ベルリン側から撮影助手兼編集マンとして取材しました。東ベルリン側の落書きのない真っ白な壁が崩れ、西ベルリン側から何千人もの市民が東ベルリン側に入ってくるのをこの目で見て、身体に電気が走るほど大きな衝撃を受けました。教科書に載るような歴史の転換点に立ち会うことができる海外特派員になりたいと、この時、心から思ったのです。

海外特派員になるためには、まずは報道記者にならないといけません。そこで帰国後すぐに編集の師匠にその希望を伝えたところ、報道部への異動を認めてくれたのです。

しかし、記者になったからといって海外特派員に必ずなれるとは限りません。ましてや、メジャーリーグが大好きな私にとって最高の場所であるロサンゼルスの特派員になれる確率は高くはありませんでした。

記者になってからは、本社遊軍、神戸支局、司法担当、大阪府警担当として自分なりに精一杯頑張ると共に、英会話の勉強も続けました。仕事でクタクタになって自宅に戻ってからも、深夜に布団に入って辞書を引きながら英語学校の宿題をやった辛い日々が、いまとなっては懐かしい思い出です。会社に入った時には、英語はまったく話せなかったのですから。

四年間のアメリカ赴任を終えて帰国後には、思ってもみなかったポジションに移りました。土曜日の朝にいまも放送している大阪発の全国ネットの報道番組「ウェークアップ」のプロデューサーになり、翌年にはチーフ・プロデューサーとして番組の総指揮を執りました。

その後も、思ってもみなかった仕事が待ち受けていました。自分でも最も向いていないと思う管理職である報道部長になっただけでなく、その後には、断り続けたものの結果的にはテレビに出る解説委員となったのです。最初の編集マンから始まり、ずっと思ってもみなかったポジションばかりを経てきましたが、いまから思えばどれも楽しく、恵まれ続けてきたと心から思います。

もっと言うなら、高校も大学も、そして読売テレビもすべて第一志望ではなく、思ってもみなかった所にばかり入りましたが、周りの人たちに恵まれ、結果的には本当に良かったと感謝しています。私の人生は、いままでもこれからも結果オーライなのかも知れません。

若い人たちも、何でも思い通りにいかないからといって悲観しないでください。感謝の気持ちを持って頑張れば、見てくれる人はしっかりと見てくれているのです。

阪神・淡路大震災

一九九五年一月一七日に起きた阪神・淡路大震災は、私がいまも報道の仕事を続けている理由のひとつです。いままでも何度も大きな事件、事故にぶち当たってきた私は、その日も泊まり明けのデスクでした。それまで経験したことのないような身の危険を感じる揺れが襲ってきた時、関西に大きな地震は来ないと信じ込んでいた私は「ついに東海地震が起きて、その影響で大阪も揺れている」と思ったのです。

東京の日本テレビから「震源地はどうもそちらのようです」と一報を受け、泊まり明けの記者とアナウンサーと一緒に緊急放送であるカットインをしたものの、情報も被害の映像もしばらく何も入ってきませんでした。それでも緊急放送は延々と続きます。報道局員もスタッフも、自宅が被災して出社できない人が多く、限られた人数での取材と放送は困難を極めました。報道のデスクや幹部がなかなか出社できない状況の中で、記者になって五年目だった私が、取材や緊急放送の指揮を執り続けましたが、結果は悔いの残るものでした。

いち早くヘリコプターによる取材を指示したものの、いろいろな困難な状況が重なって、読売テレビのヘリコプターが神戸上空から生中継したのはテレビ各局の中で最後でした。視聴者から「阪神高速が倒壊している」という電話を受けましたが、すぐには信じられず、ヘリコプターからの生中継の映像が高速道路倒壊を映し出したのを見て、途方に暮れました。

揺れた直後に、自宅近くの公衆電話を使って妻から電話があり「私たちは生きているから」と伝えてくれたのですが、その時、私はなんと「忙しいから」と電話を切りました。自分の家族を振り返る余裕すらなかったのです。何日か徹夜で働き続けて、ようやく自宅に戻って玄関のドアを開けたら、家具や食器棚が倒れガラス片が散乱したリビングで、当時まだ幼かった長女と妻が運動靴を履いたまま手を繋いで茫然とした表情で立っていました。その姿を見て、いくら仕事だとはいえ、大震災で被災した家族のことを考えずに仕事をし続けた自分のことを責め、妻や娘に対して申し訳ない気持ちでいっぱいになりました。疲れてフラフラでしたが、家の中を片づけてなんとか家族みんなでベッドで寝られるようにしたのです。

それから何日か経って、鉄道や道路が寸断されていた神戸へ、チャーターした小型船で向かいました。船が神戸港のメリケン波止場に着いた時に、ぐちゃぐちゃになった波止場の向こうに、傾いたビルから煙が立ち上っている光景が目に飛び込んできて、涙が止まりませんでした。

阪神・淡路大震災が発生した直後のことや、その夜に延々と特番を放送したこと、そして地震で支局が全壊した神戸に駆けつけて取材の指揮をしたことなど、断片的には覚えていますが、細かいことはほとんど記憶に残っていません。覚えているのは、発生直後に十分な取材や緊急放送の指揮ができなかったことに対する悔しさと無力感だけです。「このままでは終われない」という想いが、その後の報道人生を支えていると思っています。

ペルー人質事件

念願の海外特派員に選ばれ、しかも赴任先は最も行きたかったロサンゼルス。私の海外特派員生活はどんなに楽しいものになるかと思っていたところ、家族を残して赴任することになった私は、ロサンゼルスでの前任者との簡単な引き継ぎを終えて、一人で南米ペルーの首都リマに降り立ちました。リマ空港に着陸する時に飛行機の窓から真っ暗な街の様子を見て、珍しく不安に思ったことを昨日のことのように覚えています。

一九九六年一二月にリマにある日本大使公邸でパーティーが開かれていた時に、武装ゲリラが侵入し七〇〇人ほどの人質をとって立てこもりました。いわゆるペルー日本大使公邸人質事件です。その事件は、私が赴任した一九九七年三月になっても解決しておらず、私の赴任先は、日本や世界各地から特派員らが集まって取材を続けていたリマになったという訳です。

日本テレビ系列の取材陣は、現場の公邸が見える場所に取材本部を構えると共に、公邸を見下ろせるビルの屋上に日米のテレビ局各社と共にカメラを据えて、いつ何が起きてもいいように二四時間態勢で撮影を続けていました。

そして、私が輪番だった時にペルー軍の特殊部隊による人質救出のための強行突入が始まりました。阪神・淡路大震災の時に続いて、またもその瞬間にその場にいることになったのです。現場本部のすぐ前に置かれていた装甲車がエンジンをかけてもの凄い勢いで公邸に向かおうとする時に、その場にいた私はカメラマンに頼んで顔出しリポートを撮りました。そして、生中継するためにカメラがずっと回っているビルの屋上を目指しました。

一刻も早く他社に先駆けてビルの屋上に行きつきたいと思った私は、いまから考えればその無謀さに呆れますが、すぐ近くにあった自転車に乗り、銃を撃ちながら公邸に向かう兵士の間をビルに向けて走り出したのです。すぐさま兵士に自転車から引きずり降ろされ、その場に伏せるように指示されました。このままではビルに行きつかないと思った私は、その現場から一旦離れ、遠回りして走ってビルの手前までなんとか行ったのです。

しかし、ビルの前には銃を構えた男が立っており、その先には行かせてくれませんでした。その時です。ペルーに赴任した時に、地元に住む日系人のコーディネーターから何度か言われたアドバイスを思い出したのです。彼はこう言っていたのです。

「いいですか、春川さん、非常事態の場合は、その相手が軍か警察かを絶対に見極めてください。警察はまず相手を確かめてから撃ちますが、軍はまず撃ってから相手が誰かを確認します。相手が軍の場合は絶対に無茶をしてはだめです」

ビルの前に立ちはだかっていた男の防弾チョッキには「ＰＯＬＩＣＩＡ（警察）」と書いてあったのを確かめました。すぐには撃たないと思い、制止を振り切って走り出したところ、その警察官が銃の安全装置を外す「ガチャッ」という音が後ろで聞こえたのです。

その時です。走馬灯が頭の上で回りました。鮮明なカラー映像で、生まれてからその時までの楽しかった人生の映像がグルグル回っていました。（ここで死ぬんだ）と思いました。一瞬の出来事だったのに、まるでスローモーションのように長く感じました。結局、彼が撃たなかったために、私はビルの屋上に駆け上がることができて、そこから四〇分間以上にわたってマイクを握り、日本へ生中継でリポートを送り続けたのです。

いまのように、取材現場での安全管理やコンプライアンスが叫ばれる状況では考えられないような無謀な行いです。この時も、阪神・淡路大震災の時と同じように、目の前の取材のことしか頭にはなく、家族のことを考える余裕はありませんでした。アメリカや中南米の各地を走り回った四年間には、何度か危ない目にも遭いましたが、本当に命の危険を感じたのはこの時だけでした。こうして、海外特派員としての激動の四年間が始まったのです。

助手とNBCがすべて

海外特派員として、私がもしも人並みの仕事ができていたとしたら、それは支局の助手とNBC（アメリカの四大テレビネットワークのひとつで日本テレビ系列の提携局）のおかげです。海外特派員にとって最も重要な仕事は助手選びだと断言できます。四年間の特派員時代に一緒に全米や中南米を駆け回った助手は全部で三人。その共通点は、みんな女性で、英語とスペイン語の完璧なバイリンガルで日本語は話せない、そして支局を卒業してからはそれぞれ優秀なジャーナリストになったことです。

特派員になって新しい助手を募集する時に、最初は日本語、英語、スペイン語が話せるトライリンガルを探したのですが、見つかりませんでした。日本語かスペイン語のどちらかをあきらめてくださいと言われた私は、英語がペラペラではなかったにもかかわらず、無謀にも日本語をあきらめて英語とスペイン語のバイリンガルを探すことに決めました。中南米を取材したい私にはスペイン語は必須だったのです。

リサ、クリスティーン、ジェシカ。三人とも本当に優秀で、こんな私をよく支えてくれました。それぞれ支局を卒業後は、リサは雑誌の編集者、クリスティーンはNBCのローカル局のニュースキャスター、ジェシカはなんとＮＢＣネットワークニュース番組のプロデューサーと大出世したのです。

ロサンゼルス支局は当時もいまも、ＮＢＣネットワークニュースのロサンゼルス支局の中の一室です。代々の助手には、とにかくＮＢＣのスタッフと仲良くなり人脈を築くように指示すると共に、私自身も当時の支局長のヘザー・アランをはじめ、ＮＢＣのキーとなる人たちと日頃から親しくして信頼関係を築きました。時には支局近くの日本料理店でお寿司を大量に買い込んでＮＢＣのニュースフロアに持ち込み、みんなで寿司ランチパーティーを開きました。また妻に無理を言ってＮＢＣの人たちを自宅に招き日本食パーティーを開いたりもしました。

何か大きな事件や事故が発生した際には、よくＮＢＣの人たちに助けられました。普通では使うことが許されないＮＢＣネットワークニュース専用の大型中継車でさえ、ここぞという時には支局長に直接電話を入れて無理を言って日本向けの生中継で特別に使わせてもらうことさえあったのです。日頃から親密にお付き合いしているからこそ、そんな無理も聞いてくれたのです。

一九九八年九月にカナダのハリファックス付近で起きた、スイス航空の旅客機墜落事故の時もＮＢＣに助けられました。ハリファックスはボストンの北東側、つまり東海岸側にあるので、当然ニューヨーク支局のカバーエリアで、当初はまさか私が取材することになるとは思っていませんでした。しかし事故がわかったのは東部時間の深夜だったので、ニューヨークからカナダに向けての飛行機はもう終わっていて、時差の関係でロサンゼルスからしかカナダ東部へ向かえなかったのです。

ところが、ロサンゼルスからボストンで乗り継いでハリファックスに向かう飛行機は一席しか空いておらず、仕方なく私一人だけで墜落現場に向かいました。午前三時にたった一人でハリファックス空港に到着し、カナダの携帯電話とレンタカーを借りて現場に向かいました。いまと違ってナビもないので、一人で地図を見ながら初めて来た土地で運転してなんとか現場に辿り着いた時に、ちょうど同時にNBCの中継車も到着したのです。私はカメラマンも助手もいないので、NBCの人たちに助けてもらいなんとか日本への生中継をすることができました（なぜこんな細かいことまで覚えているかというと、私は英語の勉強も兼ねて特派員になったその日から毎日休まず四年間、英語で日記をつけており、この本を書くにあたってそれを久しぶりに読み直したのです）。

この時は、墜落事故の取材を終えるとすぐに、メジャーリーグのマーク・マグワイア選手が当時のシーズン本塁打記録を更新するであろうニュースを取材するために、すぐにセントルイスに移動する必要があったのですが、それに間に合う飛行機が飛んでいなかったので、ハリファックスからボストンまで飛行機をチャーターしました。そのチャーター費用は三九〇〇ドル（約五四万円）。取材経費の削減に厳しいいまでは考えられないことです。

ハワイえひめ丸事故

日本への帰国を二ヵ月後に控えた二〇〇一年二月に、えひめ丸事故が起きた時も、最初に教えてくれたのはNBCでした。「マサ（春川正明の『ハルカワ』はアメリカ人にとって非常に発音が難しく、アメリカでは親しくなればファーストネームで呼びますが、『マサアキ』も非常に難しいということで、NBCの皆が私のことを『マサ』と呼んでいました）、ハワイ沖で米軍の潜水艦が日本の船に衝突したみたいよ」という一報をわざわざ伝えてくれたのです。それを聞いてハワイ行きの飛行機に飛び乗り、機内からNBCのヘザー支局長に電話して、ハワイでの取材や中継、日本への素材伝送などを助けてくれる地元局を紹介してもらいました。

愛媛県宇和島市の水産高校の実習船「えひめ丸」に、急浮上した米海軍の原子力潜水艦「グリーンビル」が衝突し、生徒四人と教員・乗組員五人が亡くなるという悲惨な事故でした。アメリカの特派員と日本からの応援組との取材陣は、来る日も来る日もハワイのオアフ島から事故原因を調査する米軍の様子などを生中継で伝え続けました。

日米の取材陣の誰もが最も話を聞きたかったのは潜水艦のワドル艦長でしたが、誰もインタビューはおろか接触さえできませんでした。そんな時、昔から仲良しだったNBCニュースチャンネル（日本テレビ系列はじめNBCの系列ローカル局へのサポートを担当するNBCニュースの組織）のプロデューサーのサラ・フルーマンから「マサ、食事に行かない？」と誘われました。彼女とは時々食事に行っていたのですが、その時は「今日はゲストがいるから特別な食事だけど、どう？」と言われてワイキキビーチにあるホテルのレストランにディナーに行くと、なんと目の前にワドル艦長が座っていました。どこのアメリカのメディアもまったく接触できなかったのですが、NBCは多くの伝手を頼って最大限にコネを使い、取材という形ではありませんでしたが、ワドル艦長と食事をする機会をセッティングすることができたのです。

彼女たちにすれば私を呼ぶ必要はまったくない訳です。しかし、相手が日本の船ということもあったのでしょう、ひょっとしたらワドル艦長が何か言ったのかもしれませんが、四年間、毎日毎日、仕事仲間として親しく付き合っていたので、サラが「マサもおいでよ」と、ありがたいことに連れて行ってくれたのです。

当然、日本人が来ているということでワドル艦長から「この事故について日本社会はどう思っていますか？　日本人の心情はどうでしょうか？」といったことを聞かれ、私は「もちろん世論は非常に厳しいです。特に艦長が責任についてどう考えているのかということがまったく漏れ伝わってきません。日本人のメンタリティとしては（アメリカもそうかも知れませんが）、すべての責任は艦長にあると思っていますので、日本のメディアに対しても説明したほうがいいでしょう」と伝えました。その後、彼と何度か食事をしましたが、もちろん彼との信頼関係があるので会ったことは公にできません。

そしてNBCがついに艦長との単独インタビューを撮影できるとなった時に、日本のメディアとして唯一、インタビューのチャンスが来たのです。日本のメディアで彼から直接話を聞けたのは私だけです。恥ずかしながら、これが私の三二年間の報道人生での唯一の特ダネです。

私と彼は食事会で何度か話をしていて人間関係はできており、部屋に入ってきた途端、彼は「ご遺族の方々、日本国民の方々に謝罪したい」と言いました。それまでは責任問題もあって一切謝罪していませんでした。そしてさらに、日本語はまったく話せませんが、「日本語で謝罪したい」と言うのです。彼は英語で「『すべての責任は私にあります。ご家族の方々、亡くなられた方々に心からお詫び申し上げます』と伝えたい」と言うので、私が日本語に訳してローマ字でメモに書き、それを彼に渡しました。彼はインタビューの前にメモを見て日本語で言えるように何度も練習してインタビューに臨みました。

その時、私は拙い英語で一時間ぐらいインタビューをしたのですが、自分でインタビューをしながら、（ああ、なんて嫌な仕事だろう）と思ったことがひとつありました。

じつはワドル艦長には亡くなられた高校生とほぼ同年代の娘さんがいて、彼女とも何度か食事で一緒になりました。彼は食事の時よく私に「事故で娘と同年代の若者の命を奪ったことについては本当に申し訳ないと思っています」と言っていました。だから、（もし私が娘について聞けば、彼はきっと泣くだろうな）と思ったのです。そして、「彼は本当に悔いているからこそ、聞いたほうがいいんだろうな」とも思って聞きました。そうすると、私の思った通り、彼は自分の娘と亡くなられた高校生を重ね合わせたのでしょう、堪えきれなくなり、涙を流しました。

放送後は「無理やり日本語で謝罪させたのではないか」ということも言われましたが、「本人がどうしても日本語で謝罪したいということで、私が無理やりやらせたのではなくて、彼に頼まれて日本語に訳したのです」と説明しました。

後日談があります。じつは事故の翌年、ワドル艦長は自らの強い希望で来日し、宇和島へ行き、水産高校の関係者やご遺族の前で直接謝罪しました。その時私はすでに特派員の任期を終えて帰国していましたが、「マサに通訳をして欲しい」という連絡があったのです。いろいろ考えた末に「私は取材する側のジャーナリストですので、あなた側の人間にはなりきれないし、通訳はできません」とお断りしました。

いまから思えば、ここが私のジャーナリストとしての甘いところかも知れません。例えば彼を囲いこんで多くの番組に連れ回し、独占生報告みたいなこともできたかも知れません。しかし、私は聞きたいことをハワイで聞き終えていたので、各局に追い回されている彼を見ながら独占取材の申し出をすることさえしませんでした。

結局、彼が来日している間、私は彼と会えませんでした。もの凄い過密スケジュールでメディアに追いかけ回されていました。来日はしていませんでしたが、奥さんと娘さんがいたので、私は（おそらくお土産を買う時間もないのだろうな）と思い、日本らしいお土産を買って、帰りの空港でようやく会うことができた彼に、「奥様と娘さんによろしく」とお土産を渡して挨拶だけしました。当時、私が取材しなかったことについて社内からも「甘い」という声が出たという話を聞いていましたが、前述のように、私としてはハワイで取材はすべて完結したという思いがあったのです。

海外特派員は最高

入社以来三二年間、ずっと報道の仕事をしてきて楽しいことばかり思い浮かびますが、その中でも最もやり甲斐もあり幸せだったのは、なんと言っても海外特派員です。

やはり、海外に出ると、日本にいては見えないものが見えるのです。こう言うと、アメリカかぶれだとか、海外かぶれだとか言われますが、そうではありません。海外で生活して、海外が良かったという場合もありますが、海外に出てみてあらためて日本の良さがわかったというケースも多いのです。

夜中に女の子が外を安心して歩ける国はそうそうありません。国中、どこで水道の蛇口をひねっても飲める水が出てくる国は希少です。日本で当たり前と思っていることが、世界的には珍しいということも多いのです。

逆に、世界では常識であることが、日本では珍しいということもあります。要はどちらが正しいかではなくて、世界にはまったく違った価値観や考え方があるというのを肌で感じることが重要なのです。その違いを知った上で、お互いの考えや立場の違いを尊重して議論し、折り合える点を探していくということの重要性を理解することが大切なのです。その一歩として海外に出る。しかも、海外特派員となれば、家族と一緒に海外生活を体験できるのです。こんな貴重なチャンスはありません。

海外特派員といえば、何か特別な仕事だと思う人も多いのですが、記者としてやる仕事は国内と同じです。手段としての言葉が変わるだけです。日本で記者としてちゃんとやっている人は海外でも通用します。海外特派員として求められる特別な資質はありません。強いて言うならば、国内にいる時以上に、素早い判断が求められるということぐらいでしょうか。また、現場で追い込まれて誰に相談する余裕もなく一人で決断することも日本に比べて多いということはあるでしょう。しかし、それは日本にいても記者として求められる資質のひとつです。

海外特派員といえば、普通はその国の首都に支局があります。ただアメリカの場合は主に政治を取材するワシントン支局、経済が中心のニューヨーク支局に加えて、私が赴任したロサンゼルス支局があるのです。では、ロサンゼルス支局の主な役割は何なのか。私なりの考えで言えば、全米のみならず広い中南米エリアも含めて、何か突発の事件や事故が起きた場合に素早く対応する遊軍対応支局です。それに加えて、暇な時には興味深い企画取材も求められています。

ふだんからウォッチすべき政治や経済という主要テーマがないだけに、難しい側面もあります。代々の特派員に言えることですが、任期中に多くのニュースに遭遇するかどうかは運次第です。これまでこの本の中でも書いてきた通り、私はこの世界に入ってから、取材者としてはたいへんありがたいことに多くのニュースに直面するという星の下にあるようです。ロサンゼルスの四年間もたいへん忙しい日々を過ごしました。

「ペルーの日本大使公邸人質事件」に始まり、「スペースシャトル打ち上げ」「コロンビア邦人誘拐事件」「ホンジュラスのハリケーン」「イチローのメジャーキャンプ参加」「アカデミー賞授賞式」「コロンバイン高校銃乱射事件」「グァテマラ邦人観光客襲撃事件」「メキシコ大統領選挙」「二〇〇〇年米大統領選挙」「エルサルバドル地震」「ガラパゴス諸島タンカー油漏れ事故」「ハワイ潜水艦とえひめ丸の衝突事故」「ペルー大統領選挙」など、主なものだけでもこれほど多くの取材を経験しました。四年間でアメリカ、中南米諸国など海外からの生中継は一一七回、日本に送ったVTRリポートは一一六本を数えました。

これも代々の支局助手、支局カメラマン、エンジニア、ワシントン支局、ニューヨーク支局の方々、各国のコーディネーターの皆様、東京の外報部、国際衛星のスタッフが支えてくれたおかげです。海外に出て最も学んだことは、一人では何もできない、支えてくれる周りの人たちへの感謝の気持ちを持つことの大切さです。皆様、ありがとうございました。

考えてみれば、私がいまミヤネ屋という生番組に出演させてもらい、やっぱり〝テレビはいま起きていることを伝える生が一番〟と確信している基礎には、生中継を何よりも大切にした海外特派員の経験があるように思います。何よりも〝生〟に拘るミヤネ屋に一〇年間も出ているのも、何かの縁だと感じています。

おわりに

初めてとなる本の執筆をなんとか最後まで終えることができたのは、「テレビって、テレビ報道って、これほど面白い仕事はない」という私自身の想いを、なんとか皆さんに伝えたかったからだと思います。

大学で学生たちに講義する際にいつも言うのは、いかにテレビ報道の仕事が楽しいかということです。私はテレビ以外の仕事はしたことがないのですが、世の中にこんなに楽しい仕事はないと思っています。編集マンも、報道記者も、もちろん海外特派員も、プロデューサーも、管理職である報道部長さえも、そしてもちろん解説委員も、皆それぞれ楽しくてやりがいのある仕事だと学生たちにアピールしています。

そしていつもたいへん驚かれるのは、「会社に入って三〇年経っても、仕事を休みたいと思ったことが一度もない」と言った時です。もちろん二日酔いや体調を崩して、「今日は会社に行きたくないなあ」と思ったことはありますが、仕事が嫌で休みたいと思ったことは一度もありません。こう言うと、ほとんどの学生が「信じられない」と言います。社会に出た先輩方はみんな辛そうだ、と口を揃えるのです。

もちろん、こんな私でも辛いことはあります。検察官への夜討ち朝駆け取材を現場でしていた頃には、全身や唇にジンマシンがしょっちゅう出ました。編集マンとして任された仕事でOAに間に合わなくなり、先輩に助けてもらって、悔しさで会社のトイレで涙を流したこともあります。辛いことや厳しいこともありましたが、それでも仕事を休みたいと思ったことはないのです。

「こんなに楽しい仕事はないよ」と学生をテレビ報道の世界に誘うと共に、いつの日か現場で会うのを楽しみにしていると伝えています。東日本大震災の取材で福島を回っている時に、他系列のテレビ局の若い記者に声を掛けられました。大学時代に講義で私の話を聞いてくれたそうです。また、今回のアメリカ大統領選挙の際にも、その昔に大学の講義でテレビ報道の魅力を伝えた中堅記者とニューヨークで久しぶりに再会しました。教え子たちに取材現場で再会できるのは、本当に嬉しいことです。

ところで、解説委員という仕事をしていて、私がいま一番気になっているのは、世の中に極端な言論が溢れ、多様性が失われつつあることです。イギリスの国民投票ではEUからのまさかの離脱が決まり、アメリカ大統領選挙では暴言を連発し攻撃的で排他的な姿勢が強いトランプ候補が予想を覆して勝利しました。日本国民の中国、韓国、北朝鮮などに対する感情が過激へ流れるのも気になっています。

テレビでは思いきったことを歯切れよく言えばウケが良いと思われているので、テレビでコメンテーターの仕事をしていると、「春川さんも、もっと言いたいことをハッキリ言ったら」と言われることもあります。テレビではじっくり話す時間がないことが多く、短くコメントする必要に迫られるので、「中国は許せない」「韓国はとんでもない」などと、強く言えば言うほど視聴者のウケは良いのかも知れません。しかし、それで事態が良くなるのかというと、私はそうは思いません。

いま、極端な意見を持つ人がすごく増えているように感じます。世の中には「ゼロか百か」「白か黒か」「イエスかノーか」「○か×か」はっきりさせろという、極端な二項対立の風が強まっているのを感じます。しかし実際の世の中では、五一対四九で決まることもあれば、△が良いことだってあります。異なる意見にもじっくり耳を傾けながら、お互いわかりあえるところを探して、世の中は回っているのだと思います。極端なことを言う人が、威勢が良くて格好良く、真ん中のことを言う人は優柔不断だというような世の中の流れ、風潮に対して私は強い危機感を抱いています。

大学で教えている学生にはいつも「世の中の意見が分かれる問題については、異なる意見があって当たり前。一〇〇人いれば一〇〇通りの考え方がある。時間を掛けてでも少数の意見にも耳を傾けて、お互いが違いを認めた上で、わかりあえる点を探っていくのが大切。意見の多様性を尊重すべきだ」という話をしています。

学生たちから「春川さんはなぜ、この仕事をやっているのですか？」との素朴な質問を投げかけられることもあります。その時に大上段に構えて「権力を監視するため」と強く言いたい気持ちもありますが、偉そうな上から目線と感じられないように、「弱い立場の人たちの目線を大切にして、世の中を少しでも良くしたいし、この仕事を通してその役に立ちたい」とていねいに説明することにしています。

「良い世の中」というのは抽象的ですが、一人でも多くの人が幸せを感じることだと思います。「何のためにこの仕事をやっているのか」と問われて、「世の中のため」と答えられる仕事をしていられることに感謝しています。

まさかのトランプ候補が当選したアメリカ大統領選挙を現地で取材することができて、「やっぱり現場はいいなあ」とつくづく思いました。今回の選挙結果を受けて、私が受け取ったあるメーリングリストのメールには、こう書かれていました。「トランプが大統領選に勝利したショックは、ベルリンの壁崩壊、アメリカの同時多発テロ、大震災並みでした」。これを読んでハッと思いました。そこに書かれた「大統領選挙」も、「ベルリンの壁」も、

「米同時多発テロ」も、「大震災」も、そのいずれの大ニュースのすべてを、まさにその現場で実際に取材できた自分は、ジャーナリストとしてなんと恵まれてきたのだろうかと。感謝の気持ちでいっぱいです。

最後になりましたが、テレビの生放送に慣れない私にミヤネ屋で日々、解説委員としてのあり方を教えてくれている宮根誠司さんと、「ミヤネ屋」の歴代のすべてのスタッフ、今回取材に応じてくださった方々、本など書いたことがなかった私をなんとかゴールまで導いてくださった講談社の田中浩史さんに心から感謝申し上げます。

私の両親である春川正巳と春川幸子も、この本の完成をきっと喜んでくれていると思います。そして、「マサくんなら、絶対に面白いものを書けるから、本、書いたら」と提案し、いつものようにずっと励まし続けてくれた妻・修子に「ありがとう」の言葉を捧げます。

二〇一七年二月　自宅の和室の掘り炬燵で温まりながら

春川正明

春川正明

1961年大阪市生まれ。関西大学卒業後、読売テレビ放送入社。VTR編集マン、報道記者、ロサンゼルス支局長、チーフプロデューサー、報道部長、解説委員を経て、現在、読売テレビ放送報道局解説委員長。

関西大学客員教授も務めた。

講談社＋α新書 759-1 C

「ミヤネ屋《や》」の秘《ひ》密《みつ》
大阪発の報道番組が全国人気になった理由

春《はる》川《かわ》正《まさ》明《あき》

2017年3月16日第1刷発行

発行者――鈴木 哲
発行所――株式会社 講談社
東京都文京区音羽2-12-21 〒112-8001
電話 編集(03)5395-3522
販売(03)5395-4415
業務(03)5395-3615
デザイン――鈴木成一デザイン室
カバー印刷――共同印刷株式会社
印刷――凸版印刷株式会社
製本――株式会社若林製本工場

定価はカバーに表示してあります。

落丁本・乱丁本は購入書店名を明記のうえ、小社業務あてにお送りください。

送料は小社負担にてお取り替えします。

なお、この本の内容についてのお問い合わせは第一事業局企画部「＋α新書」あてにお願いいたします。


ISBN978-4-06-272986-4